Heiko Burchert, Jürgen Schneider, Michael Vorfeld
Investition und Finanzierung

Lehr- und Handbücher der Wirtschaftswissenschaft

—

Herausgegeben von
Univ.-Prof. Dr. habil. Thomas Hering und
Prof. Dr. Heiko Burchert

Heiko Burchert, Jürgen Schneider, Michael Vorfeld

Investition und Finanzierung

Klausuren, Aufgaben und Lösungen

3., aktualisierte und erweiterte Auflage

DE GRUYTER
OLDENBOURG

ISBN 978-3-11-046927-1
e-ISBN (PDF) 978-3-11-046926-4
e-ISBN (EPUB) 978-3-11-046940-0

Library of Congress Cataloging-in-Publication Data
A CIP catalog record for this book has been applied for at the Library of Congress.

Bibliografische Information der Deutschen Nationalbibliothek
Die Deutsche Nationalbibliothek verzeichnet diese Publikation in der Deutschen
Nationalbibliografie; detaillierte bibliografische Daten sind im Internet über
http://dnb.dnb.de abrufbar.

© 2017 Walter de Gruyter GmbH, Berlin/Boston
Einbandabbildung: -goldy-/iStock/Thinkstock
Druck und Bindung: Hubert & Co. GmbH & Co. KG, Göttingen
♾ Gedruckt auf säurefreiem Papier

Printed in Germany

www.degruyter.com

Vorwort zur dritten Auflage

Für die Erstellung der dritten Auflage wurden uns vom Verlag ein ausreichend großer Zeitraum und ein Mehr an Seiten eingeräumt. Beides haben wir zum Anlass genommen, einerseits gründlich den bisherigen Aufgaben- und Lösungsbestand durchzusehen und gegebenenfalls zu korrigieren. Andererseits konnten wir uns Gedanken über Ergänzungen machen. Ergänzt wurden weitere Teilaufgaben zu den bereits bestehenden Aufgaben, neue Aufgaben und punktuell die Lösungshinweise. Letzteres geht darauf zurück, dass wir als Prüfer bestimmte Erfahrungen bei der Bewertung von Klausuren, in denen sich die eine oder andere der hier vorliegenden Aufgaben wiederfanden, sammeln konnten. Diese Erfahrungen umfassen insbesondere die Wahrnehmung der Herangehensweise der Studierenden bei der Lösung der jeweiligen Aufgaben und der dabei zu beobachtenden Fehler. Stellten sich Fehlerhäufungen ein, so haben wir diese an ausgewählten Stellen in die Lösungshinweise im Sinne von „Vorsicht Fehlergefahr!" aufgenommen.

Neben dem bereits ausgesprochenen Dank an den Verlag gilt unser besonderer Dank Frau Stefanie Reichert, die mit der Übernahme der Endredaktion u. a. die Aktualisierung aller Verzeichnisse und der genutzten Literaturstellen sicherstellte.

Bielefeld und Mülheim (Ruhr), Juni 2016

Heiko Burchert, Jürgen Schneider und Michael Vorfeld

Vorwort zur zweiten Auflage

Der binnen Jahresfrist erfolgte Abverkauf der Erstauflage unseres Klausurenbuches verdeutlicht uns, dass unser Buchkonzept offenbar genau die Erwartungen der Nachfrager erfüllt. Daher haben wir bei der Vorbereitung der zweiten Auflage die Fehler der ersten Auflage korrigiert, zwei weniger attraktive Aufgaben durch eine neue ersetzt und zwei neue Aufgaben hinzugefügt.

Bielefeld und Mülheim (Ruhr), Januar 2013

Heiko Burchert, Michael Vorfeld und Jürgen Schneider

Vorwort zur ersten Auflage

Die stete Nachfrage unserer Studierenden nach klausurenbezogenen Übungsmaterialien aus dem Fach „Investition und Finanzierung" für ihre Selbstlernphasen war der Anlass für uns, dieses Buch vorzulegen. Es besteht aus Aufgaben, die in der Vergangenheit im Rahmen von Klausuren zum Einsatz kamen, sowie den dazugehörigen Lösungen. Ergänzt wird dieses Angebot um Hinweise, die bei der Lösung der jeweiligen Aufgabe unterstützend wirken. Aufgabenbezogene Literaturhinweise geben konkrete Empfehlungen zum selbstständigen vertiefenden Weiterlesen. Jede Aufgabe ist eingangs mit einer Einschätzung des angestrebten Niveaus der Lernerfolgskontrolle und des Arbeitsumfanges versehen, mit der der Studierende eine Information über das zur Lösung der jeweiligen Aufgabe notwendige Kompetenzniveau sowie den damit verbundenen Zeitaufwand erhält. Ein Verzeichnis lieferbarer Titel, ein Anhang mit Zinstabellen und ein Index runden das Buch ab. Wir wünschen besten Erfolg bei der Auseinandersetzung mit diesen Aufgaben.

Bedanken möchten wir uns bei Herrn Martin Walther. Er unterstützte uns maßgeblich dabei, die Texte in eine ansprechende und druckreife Form zu bringen. Ebenso gilt unser Dank den Studierenden des aktuellen Semesters, mit denen wir einen Teil der Aufgaben bereits testen konnten.

Bielefeld und Mülheim (Ruhr), Dezember 2011

Heiko Burchert, Michael Vorfeld und Jürgen Schneider

Inhaltsverzeichnis

1 Einleitung

Das Buch „Investition und Finanzierung – Klausuren, Aufgaben und Lösungen" greift die wesentlichen Inhalte aus dem Gebiet der Finanzierung und Investition auf, die einerseits für die Praxis eine hohe Relevanz einnehmen und die andererseits einen Schwerpunkt in der Lehre an Hochschulen und Universitäten in diesem Fach darstellen.

Das Kapitel 2 ist den Grundlagen zur Finanzierung und Investition gewidmet. Hier werden insbesondere Aufgaben zu den Grundbegriffen des Rechnungswesens sowie zur Definition von Finanzierung und Investition präsentiert. Das nachfolgende Kapitel 3 hält Aufgaben aus dem Themenbereich der Finanzierung bereit. Dazu zählen Aufgaben zu den Finanzierungsalternativen im Überblick (Abschnitt 3.1) sowie zur betrieblichen Finanzplanung (Abschnitt 3.2). In Abschnitt 3.3 finden sich zahlreiche Aufgaben zur Kapitalbeschaffung des Betriebes, insbesondere zu den Themenbereichen der Eigen- und Fremd- sowie zur Innenfinanzierung. Abgerundet wird das Kapitel durch Aufgaben zu den Kapitalstrukturregeln und Finanzkennzahlen in Abschnitt 3.4.

Im Anschluss an die Aufgaben zur Finanzierung sind im Kapitel 4 Aufgaben zum Themenbereich Investition bereitgestellt. Zunächst werden in Abschnitt 4.1 die statischen Verfahren zur Investitionsrechnung thematisiert, gefolgt von den Verfahren zur dynamischen Erfolgsrechnung in Abschnitt 4.2. Der Abschnitt zur statischen Investitionsrechnung unterteilt sich in Aufgaben aus den Bereichen der Kosten-, Gewinn- sowie der Rentabilitätsvergleichsrechnung. Sie werden vervollständigt durch Aufgaben zur statischen Amortisationsrechnung. Die dynamische Erfolgsrechnung beinhaltet zunächst Aufgaben, die den Umgang mit Zinsfaktoren trainieren. In den nachfolgenden Aufgaben zur Kapitalwertmethode, zur Berechnung interner Zinsfüße sowie zur Annuitätenmethode finden diese Zinsfaktoren ihre Anwendung. Dem schließen sich Aufgaben zur dynamischen Amortisationsrechnung sowie zum Methodenmix bei der Anwendung dynamischer Investitionsrechenverfahren an. Seinen Abschluss findet das Investitionskapitel in Aufgaben, mit denen die Wahl eines dem jeweiligen Investitionsvorhaben angepassten Investitionsrechenverfahrens geübt werden kann.

2 Grundlagen der Investition und Finanzierung

Aufgabe 1:   Grundbegriffe des Rechnungswesens

Reproduktion, Wiedergabe des gelernten Wissens **12**

1. Aufgabenstellung

Definieren Sie die Begriffe Aus- und Einzahlung, Einnahme und Ausgabe, Aufwand und Ertrag, Kosten und Leistungen.

2. Lösung

Auszahlung: Abfluss liquider Mittel (liquide Mittel: Kassenbestände und täglich fälliges Sichtguthaben bei Banken)

Einzahlung: Zufluss liquider Mittel

Einnahme: Zunahme des Geldvermögens, also Einzahlung, Forderungszugang oder Schuldenabgang

Ausgabe: Abnahme des Geldvermögens, also Auszahlung, Forderungsabgang oder Schuldenzugang

Aufwand: periodisierte, erfolgswirksame Ausgabe

Ertrag: periodisierte, erfolgswirksame Einnahme

Kosten: durch die betriebliche Leistungserstellung verursachter und in Geld bewerteter Verzehr von Gütern und Dienstleistungen einer Periode

Leistungen (in der Literatur wird auch häufig der Begriff Erlöse gebraucht): durch die betriebliche Leistungserstellung erbrachter Wert aller Güter und Dienstleistungen einer Periode

3. Hinweise zur Lösung

Die Klärung der Grundbegriffe des Rechnungswesens ist für Finanzierungs- und Investitionsfragen von außerordentlich großer Bedeutung, da die Begriffsarten ganz unterschiedliche Inhalte umfassen und deshalb auch ganz andere Informationen für die Klärung von Finanzierungs- und Investitionssachverhalten liefern. Beim Studium der Betriebswirtschaftslehre werden diese Begriffsklärungen häufig nicht mit der nötigen Sorgfalt zu Beginn des Studiums vorgenommen. Dadurch bedingt fehlt es dann über eine erhebliche Zeit des Studiums an einer klaren und präzisen Ausdrucksweise bei der Darstellung betriebswirtschaftlicher Sachverhalte.

Sie können bei der Definition der hier vorliegenden Grundbegriffe auf die gesamte Grundlagenliteratur zum Rechnungswesen zurückgreifen und sich die Begriffsinhalte selbst erarbeiten. Leicht abweichende Definitionen bei unterschiedlichen Autoren lassen sich vorzüglich mit Ihren Professoren oder Dozenten diskutieren. So ist beispielsweise in den hier präsentierten Definitionsvorschlägen beim Aufwand und Ertrag von periodisierten erfolgswirksamen Aus- und Einnahmen die Rede. In der Literatur wird Ertrag häufig als Wert aller *erbrachten* Leistungen und Aufwand als Wert aller *verbrauchten* Leistungen der Periode definiert.[1] Diese Definition grenzt u. E. die Begriffe Aufwand und Ertrag nicht hinreichend von den Begriffen Kosten und Leistung ab, da das zwingende pagatorische Element beim Aufwand und Ertrag fehlt.

4. Literaturempfehlung

Wöhe, Günter und Ulrich Döring (2013): Einführung in die Allgemeine Betriebswirtschaftslehre, 25. Auflage, München 2013, S. 643–650.

---

[1] Vgl. Wöhe/Döring (2013), S. 646.

Aufgabe 2:   Definitionen von Finanzierung und Investition

Reorganisieren, Selbstständiges Verstehen des Wissens   **15**

1. Aufgabenstellung

Definieren Sie die Begriffe Finanzierung und Investition. Nutzen Sie zur Definition der beiden Begriffe die Wirkungen von Finanzierung und Investition auf das Kapital und die Bilanz, und charakterisieren Sie die mit der Finanzierung und Investition verbundenen Zahlungsvorgänge.

Die Finanzierung einerseits und die Investition andererseits teilen sich jeweils in zwei Teile auf. Zwischen beiden bestehen Zusammenhänge. Bringt man die Teile der Finanzierung und der Investition in eine idealtypische Abfolge, so ergeben sich vier Schritte in einer schlüssigen Reihenfolge. Stellen Sie sowohl die Definitionen als auch die vier Schritte unter Verwendung der nachfolgend vorgegebenen Tabelle zusammen.

Gehen Sie beispielhaft davon aus, dass es gelingt, die im Rahmen der Investition erworbene Maschine zur Herstellung von Produkten zu verwenden, mit denen am Markt Gewinne realisiert werden können.

Tab. 1:   Leere Definitionstabelle von Finanzierung und Investition

Schritte/ Teile	Wirkung auf den Kapitalbestand	Veränderung in der Bilanz	Art des Zahlungs- vorganges
1			
2			
3			
4			

Benennen Sie abschließend jeweils die beiden Teile, die als Finanzierung bzw. als Investition anzusehen sind.

2. Lösung

Tab. 2:   Ausgefüllte Definitionstabelle von Finanzierung und Investition

Schritte/ Teile	Wirkung auf den Kapitalbestand	Veränderung in der Bilanz	Art des Zahlungs- vorganges
1	Aufnahme, Bereitstellung oder Zuführung von Kapital	Bilanzverlängerung oder Aktiv- und Passivmehrung	Kapitalzuführende Ein- zahlung
2	Kapitalbindung	Aktivtausch (z. B. ⇩ Kasse, ⇧ AV)	Kapitalbindende Auszah- lung
3	Kapitalfreisetzung und -zufuhr	Aktivtausch (z. B. ⇧ Kasse, ⇩ AV) sowie Bilanzverlängerung	Kapitalfreisetzende und -zuführende Einzahlung
4	Kapitalentzug oder -rückzahlung	Bilanzverkürzung oder Aktiv- und Passivminde- rung	Kapitalentziehende Aus- zahlung

Legende: AV = Anlagevermögen

Aus dieser Chronologie der einzelnen Schritte leitet sich ab, dass sich die Finanzierung aus den Teilen 1 und 4 zusammensetzt, während die Investition aus den Teilen 2 und 3 besteht.

3. Hinweise zur Lösung

Mit dieser Aufgabe sollen die Studierenden ihr Wissen dahingehend festigen, dass die Vorgänge einer Finanzierung und Investition ineinandergreifen. Eine Finanzie- rung wird bspw. dann durchgeführt werden, wenn eine Investition bevorsteht. Die aus einer Investition erwarteten finanziellen Rückflüsse lassen sich nutzen, um den finanziellen Verpflichtungen aus der gewählten Finanzierung gerecht zu werden, also bspw. einen aufgenommenen Kredit zu tilgen. Demgemäß ist eine Finanzierung eine Bereitstellung von Kapital, welches investiv verwendet werden soll. Die Finan- zierung ist ein Zahlungsstrom, der mit einer kapitalzuführenden Einzahlung (z. B. Bereitstellung eines Kredites) beginnt und einer kapitalentziehenden Auszahlung (z. B. Tilgung des Kredites) endet. Die Investition, zugleich auch Verwendung des bereitgestellten Kapitals, ist ein Zahlungsstrom, der mit einer kapitalbindenden Aus- zahlung (Anschaffung des Investitionsobjektes) beginnt und mit einer kapitalfreiset- zenden sowie -zuführenden Einzahlung (Erhalt der Investitionsrückflüsse) endet. Die beiden Zahlungsvorgänge der Finanzierung umfassen in dieser idealtypischen Betrachtung die Zahlungsvorgänge der durch sie ermöglichten Investition.

4. Literaturempfehlung

Matschke, Manfred Jürgen (1991): Finanzierung der Unternehmung, Herne 1991, S. 9–22.

Matschke, Manfred Jürgen (1993): Investitionsplanung und Investitionskontrolle, Herne 1993, S. 17–36.

Aufgabe 3:   Wechselwirkungen zwischen Finanzierung und Investition

Reorganisieren, Selbstständiges Verstehen des Wissens   10

1. Aufgabenstellung

a) Erläutern Sie die drei Wechselwirkungen, die zwischen Finanzierung und Investition bestehen.

b) Was ist unter dem sogenannten Grundsatz der Fristenkongruenz zu verstehen, und wie ist der Grundsatz der Fristenkongruenz in Bezug auf die Wechselbeziehungen zwischen Finanzierung und Investition einzuschätzen?

2. Lösung

Zu a): Die drei Wechselwirkungen oder auch -beziehungen zwischen Finanzierung und Investition sind die folgenden:

1. Aus der Planung und Entscheidung bezogen auf das konkrete Investitionsobjekt geht der Kapitalbedarf hervor, der im Rahmen der anstehenden Finanzierung zu decken ist.

2. Mit der Finanzierung (Teil I) wird vor Beginn der Investition das erforderliche Kapital bereitgestellt. Dieses Kapital kann bspw. für die Investitionsauszahlung (Teil I der Investition) genutzt werden. Sollte es bei der Finanzierung zur Bereitstellung von liquidem Kapital kommen, erfährt das Kapital hier eine Kapitalbindung.

3. Der aus den Investitionsrückflüssen (Teil II der Investition) zu erwartende Zufluss an liquidem Kapital steht zur Verfügung, um die im Rahmen der Finanzierung (Teil II) zu veranlassenden Kapitalrückerstattungen, wie z. B. Tilgung und Zinszahlungen, auf den Weg zu bringen.

Zu b): Unter dem Grundsatz der Fristenkongruenz, der auch als Goldene Finanzierungsregel bezeichnet wird, ist die Forderung nach einer Entsprechung der Dauer der Kapitalüberlassung einerseits und der Dauer der Kapitalbindung andererseits zu verstehen. Je besser seitens des Unternehmens die Kapitalüberlassungsdauer des aufgenommenen Kapitals mit der Kapitalbindungsdauer des Vermögens in Übereinstimmung gebracht wurde, desto geringer sind die aus der Finanzierung resultieren-den Risiken einzuschätzen.

Wird dies nun auf die drei Wechselbeziehungen zwischen Finanzierung und Investi-tion übertragen, dann wird deutlich, dass einerseits die Wechselbeziehung 3 gemeint sein kann. Die Investition mit ihrer Dauer ist gleichzusetzen mit der Kapitalbin-dungsdauer des Vermögens. Gemäß dem Grundsatz der Fristenkongruenz besteht also die Forderung, bspw. mit dem Kapitalgeber eine Vereinbarung derart zu treffen, dass sinnvollerweise genau dann eine Rückerstattung des Kapitals (z. B. die Tilgung eines Darlehens) erfolgen kann oder sollte, wenn die aus der Investition zu erwar-tenden Rückzahlungen über die am Absatzmarkt realisierten Umsatzerlöse im Un-ternehmen ankommen.

Andererseits macht bereits die erste Wechselwirkung zwischen Finanzierung und Investition auf diesen zu befolgenden Grundsatz der Fristenkongruenz aufmerksam. Wenn bspw. aus der Wirtschaftlichkeitsbetrachtung des Investitionsobjektes bekannt wird, über welchen Zeitraum sich die Investition amortisiert, dann ist dies eine not-wendige Information für die Suche nach einer idealen Form der Kapitalbereitstel-lung.

3. Hinweise zur Lösung

Zu a): Aus den Definitionen von Finanzierung und Investition werden schnell die Wechselbeziehungen 2 und 3 deutlich. Aus ihnen geht verkürzt gesagt hervor, dass ohne vorherige Einzahlung nicht die erforderliche Auszahlung veranlasst werden kann.

Diese Reorganisationsleistung wird durch die meisten Studierenden erbracht. Weit-aus schwieriger ist es bei der ersten Wechselbeziehung. Insofern eingangs eine In-vestitionsplanung stattfindet, erfüllt sie nicht nur den Zweck der Feststellung der Wirtschaftlichkeit der Investition. Zugleich wird damit dem Erfordernis nachge-kommen, zu ermitteln, wie viel Kapital dem Unternehmen zum Zweck der Realisie-rung des Investitionsvorhabens zuzuführen ist. Daher ist den Wechselbeziehungen 2 und 3 eine weitere vorauszusetzen.

Zu b): Der Grundsatz der Fristenkongruenz macht auf das Erfordernis aufmerksam, zwischen dem Kapitalgeber und dem Kapitalnehmer zu einer beiderseitigen Über-einkunft bezogen auf die Kapitalüberlassung (aus der Sicht des Kapitalgebers) und die Kapitalbindungsdauer (aus der Sicht des Kapitalnehmers) zu gelangen. Je besser es gelingt, die Dauer der Kapitalbereitstellung mit der Dauer, über welche das be-reitgestellte Kapital im Rahmen einer Investition im Unternehmen gebunden ist und sich sukzessive amortisiert, in Übereinstimmung zu bringen, desto geringer ist zum einen das Risiko, dass keine finanziellen Mittel zur Rückerstattung des aufgenommenen Kapitals zur Verfügung stehen. Zum anderen befreit sich das Unternehmen von der Sorge, dass der Kapitalgeber unter Ausgrenzung zwischenzeitlich neuerer Umstände die Erwartung hegt, das dem Unternehmen überlassene Kapital bereits früher zurückzufordern. Hierzu kann auch mit den Ausführungen zum Finanzierungsziel Sicherheit und dort insbesondere mit den finanzierungsrelevanten Risiken einer Fremdfinanzierung verglichen werden.

4. Literaturempfehlung

Kesten, Ralf (2015): Finanzierung in Fällen und Lösungen, Herne 2015, S. 18–20.

Matschke, Manfred Jürgen (1991): Finanzierung der Unternehmung, Herne 1991, S. 9–22.

Matschke, Manfred Jürgen (1993): Investitionsplanung und Investitionskontrolle, Herne 1993, S. 17–36.

3   Finanzierung

3.1   Finanzierungsalternativen im Überblick

Aufgabe 1:   Überblick über Finanzierungsmöglichkeiten (I)

1. Aufgabenstellung

Vervollständigen Sie die folgende Abbildung:

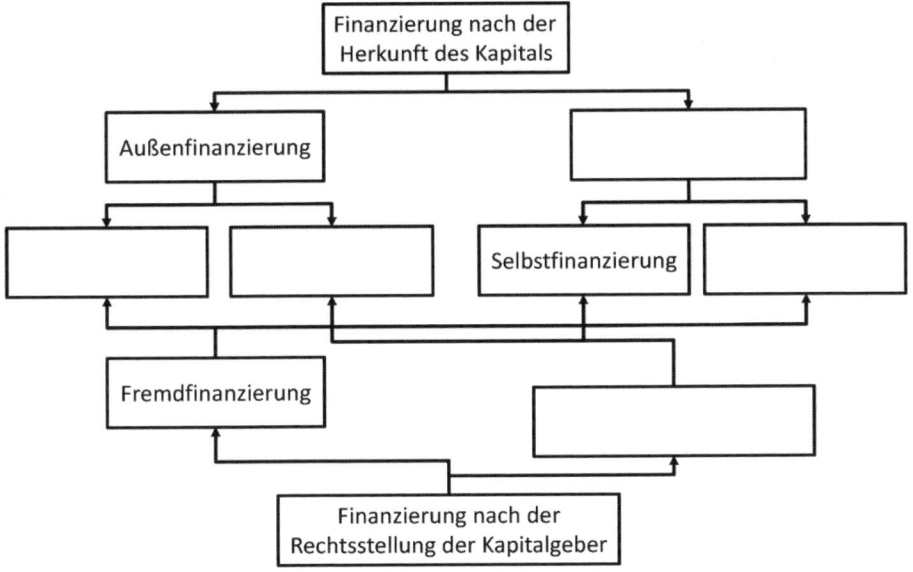

Abb. 1:   Leere Abbildung der Finanzierungsalternative

2. Lösung

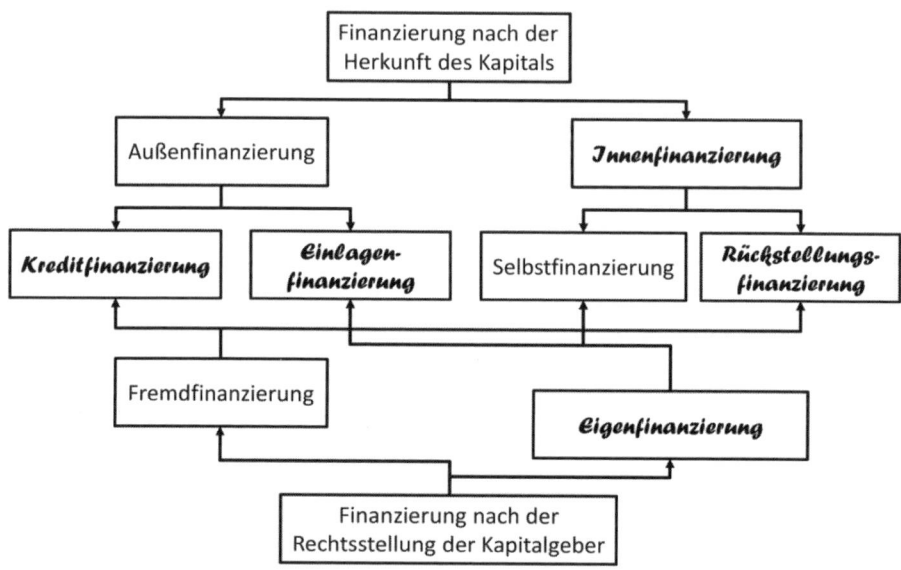

Abb. 2:   Ausgefüllte Abbildung der Finanzierungsalternative

3. Hinweise zur Lösung

Mit dieser leichteren von beiden Aufgaben zum Thema Finanzierungsmöglichkeiten im Überblick sollen die Studierenden einfach die fünf Lücken füllen, indem sie ihr bisheriges Wissen über grundlegende Finanzierungsalternativen unter Beweis stellen. Dabei können sie von einer vorgegebenen Struktur mit ersten Lösungshinweisen ausgehen.

4. Literaturempfehlung

Gräfer, Horst; Bettina Schiller und Sabrina Rösner (2011): Finanzierung. Grundlagen, Instrumente und Kapitalmarkttheorie, 7. Auflage, Berlin 2011, S. 34–36.

Jahrmann, Fritz-Ulrich (2009): Finanzierung, 6. Auflage, Herne 2009, S. 5–8.

Aufgabe 2:   Überblick über Finanzierungsmöglichkeiten (II)

Reorganisieren, Selbstständiges Verstehen des Wissens   9

1. Aufgabenstellung

Vervollständigen Sie die folgende Abbildung. Tragen Sie dazu die grundlegenden Finanzierungsalternativen, die sich aus den Kriterien „Rechtsstellung der Kapitalgeber" sowie „Herkunft des Kapitals" ableiten lassen, an den Rändern der Matrix ein, und nennen Sie für jede sich so ergebenden Finanzierungsform ein Beispiel.

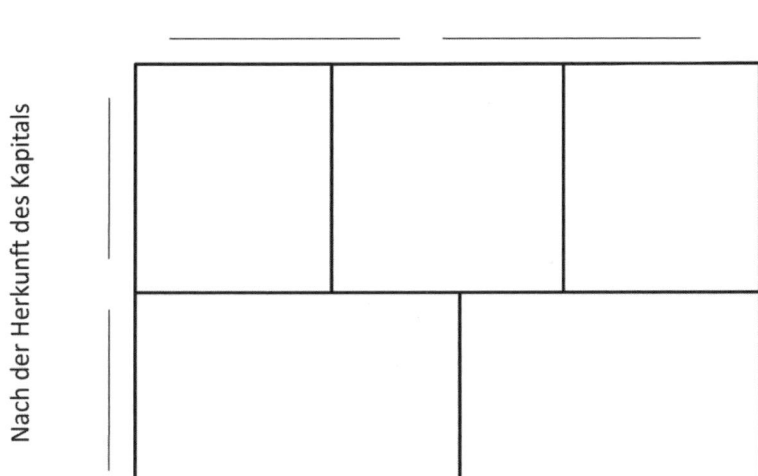

Abb. 3:   Leere Finanzierungsalternativen-Matrix

2. Lösung

Nach der Rechtsstellung der Kapitalgeber

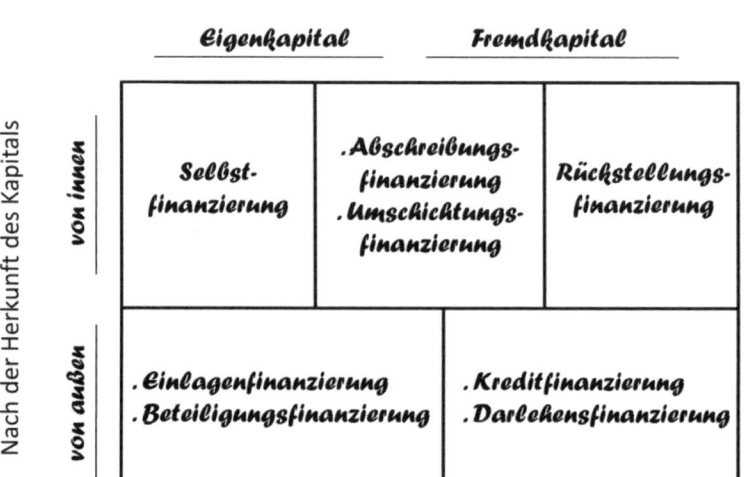

Eigenkapital   *Fremdkapital*

Nach der Herkunft des Kapitals

von innen

| *Selbst-finanzierung* | *.Abschreibungs-finanzierung* *.Umschichtungs-finanzierung* | *Rückstellungs-finanzierung* |

von außen

| *.Einlagenfinanzierung* *.Beteiligungsfinanzierung* | *.Kreditfinanzierung* *.Darlehensfinanzierung* |

Abb. 4:   Ausgefüllte Finanzierungsalternativen-Matrix

3. Hinweise zur Lösung

Mit dieser etwas schwereren von beiden Aufgaben zum Thema Finanzierungsmöglichkeiten im Überblick sollen die Studierenden nicht nur ihr bisheriges Wissen über grundlegende Finanzierungsalternativen unter Beweis stellen. Zugleich ist es notwendig, zwei Systematisierungskriterien der Finanzierungsalternativen und deren Ausprägungen zu beherrschen und zur Anwendung zu bringen. In drei der fünf Kästen ist jeweils nur eine von zwei möglichen Finanzierungsalternativen einzutragen. Bezogen auf die Innenfinanzierung soll das Verständnis nachgewiesen werden, dass es durchaus zwei Finanzierungsalternativen gibt, bei denen eine eindeutige Zuordnung zur Eigen- oder Fremdfinanzierung nicht gelingt.

4. Literaturempfehlung

Däumler, Klaus-Dieter und Jürgen Grabe (2013): Betriebliche Finanzwirtschaft, 10. Auflage, Herne 2013, S. 30–36.

Gräfer, Horst; Bettina Schiller und Sabrina Rösner (2011): Finanzierung. Grundlagen, Instrumente und Kapitalmarkttheorie, 7. Auflage, Berlin 2011, S. 34–36.

Aufgabe 3: Finanzierungsziele

Reorganisieren, Selbstständiges Verstehen des Wissens   **9**

1. Aufgabenstellung

Erläutern Sie vier Ziele, an denen sich ein Unternehmen bei der Wahl einer Finanzierung ausrichten kann oder sollte. Wie stehen diese Ziele in Beziehung zueinander?

2. Lösung

Finanzierungsziele sind klassische Unterziele eines Unternehmens. Grundlegend wird von **vier möglichen Zielen** oder erforderlichen Handlungsorientierungen bei Finanzierungsentscheidungen ausgegangen: Liquidität, Rentabilität, Sicherheit und Unabhängigkeit.

Zur **Liquidität**: Bei der Betrachtung einer Finanzierung aus Liquiditätsgesichtspunkten sind ausgehend von den Bestrebungen, mit der gewählten Finanzierung jederzeit die Zahlungsfähigkeit des Unternehmens zu gewährleisten, zwei Aspekte zu unterscheiden.

- Die Liquidität eines Unternehmens bestimmt sich einerseits aus der Fähigkeit eines Wirtschaftssubjekts, nämlich den im Unternehmen dafür Zuständigen, seinen Zahlungsverpflichtungen zeitpunkt- und betragsgenau nachkommen zu können.

- Andererseits ist die Liquidität eines Unternehmens von der Fähigkeit seiner Wirtschaftsgüter abhängig, sie als Zahlungsmittel nutzen oder in Zahlungsmittel umwandeln zu können.

Am Ende entscheidet das Zusammenspiel von Zahlungswille **und** das Vorhandensein von Zahlungsmitteln über die Liquidität eines Unternehmens.

Zur **Rentabilität**: Gemeinhin wird einem Unternehmen das Rentabilitätsziel als das Hauptziel allen Wirtschaftens unterstellt. Als Rentabilität (Kurzwort: Rendite) wird das Verhältnis (der Quotient) zwischen dem Überschuss aus einer Kapitalnutzung und dem eingesetzten Kapital verstanden. Kapitalgeber haben eine grundsätzliche Erwartung an die Rendite ihrer Investition, also an die Kapitalbereitstellung gegenüber dem Unternehmen. Dies gilt sowohl für Eigen- als auch Fremdkapitalgeber. Die Renditeerwartungen können sich dabei auf einzelne Maßnahmen (ein Investitionsobjekt) oder eine Gesamtheit (ein Betrieb oder Unternehmen) oder unter zeitlichem Aspekt auf eine Teil- oder Gesamtperiode beziehen. Dies ist bei der Abwägung der zu wählenden Finanzierungsalternative mit der entsprechenden Rentabilität zu beachten. Beispiele solcher Abgrenzungen oder Spezifizierungen einer Rentabilität sind:

$$\text{Eigenkapital-Rentabilität} = \frac{\text{Gewinn}}{\text{Eigenkapital}} \cdot 100 \ (\text{in } \%)$$

$$\text{Gesamtkapital-Rentabilität} = \frac{\text{Gewinn} + \text{Fremdkapitalzinsen}}{\text{Eigenkapital} + \text{Fremdkapital}} \cdot 100 \ (\text{in } \%)$$

$$\text{Betriebskapital-Rentabilität} = \frac{\text{Betriebsgewinn}}{\text{Betriebsnotwendiges Kapital}} \cdot 100 \ (\text{in } \%)$$

$$\text{Umsatz-Rentabilität} = \frac{\text{Gewinn}}{\text{Umsatz}} \cdot 100 \ (\text{in } \%)$$

Zur **Sicherheit**: Unter der Sicherheit wird insbesondere das Ansinnen betrachtet, das tägliche Geschäft vor Risiken zu bewahren. Risiken treten auf, wenn das tatsächliche Geschehen vom ursprünglich Gewünschten abweicht und dies mit negativen Folgen (bspw. mit einem Verlust) für das Unternehmen verbunden ist. Die Risikoabschätzung kann in diesem Zusammenhang auf zwei Aspekte ausgerichtet werden:

- Risiko der Insolvenz aufgrund leistungswirtschaftlicher Risiken oder
- die finanzierungsrelevanten Risiken einer Fremdfinanzierung.

Wenn ein Unternehmen nicht den erwarteten leistungswirtschaftlichen Erfolg realisiert, könnte dies potenzielle Fremdkapitalgeber verschrecken und das Unternehmen als möglicher Kreditnehmer wäre nicht in der Lage, seinen aus dem leistungswirtschaftlichen Prozess resultierenden Zahlungsverpflichtungen nachzukommen. Es droht die Insolvenz. Unter den finanzierungsrelevanten Risiken einer Fremdfinanzierung sind das Zinsänderungsrisiko, das Kündigungsrisiko, das Prolongations- und das Substitutionsrisiko zu verstehen. Die Bildung von Liquiditätsreserven unterstützt den Sicherheitsgedanken eines Unternehmens. Solche Liquiditätsreserven können entweder leicht liquidierbare Vermögensgegenstände oder nicht ausgeschöpfte Kreditlinien sein.

Zur **Unabhängigkeit**: Jede Form der Bereitstellung von Kapital hat Auswirkungen auf die Dispositionsfreiheit der Unternehmensleitung oder der bisherigen Eigner. Denn ein jeder Finanzierungstitel ist als eine Gesamtheit von mittelbaren oder auch unmittelbaren Rechten und Pflichten des jeweiligen Kapitalgebers anzusehen. Eine Bereitstellung von Eigenkapital führt zu neuen Beteiligungstiteln. In Abhängigkeit von der Rechtsform des

Unternehmens gewähren Beteiligungstitel in unterschiedlichem Maße unmittelbare Mitentscheidungs- sowie Informations- und Kontrollrechte der Unternehmensleitung oder der bisherigen Eigner. Bei einer Aufnahme von Fremdkapital vergibt das Unternehmen sogenannte Forderungstitel. Diese Titel sind unmittelbar nicht mit Mitentscheidungs- sowie Informations- und Kontrollrechten verknüpft. Mittelbar können diese jedoch durch eine Befristung der Kapitalüberlassung durch die Forderung einer bestimmten Art der Besicherung eines Kredites oder einer Zinshöhe bewirkt werden.

Zur Beziehung der vier Ziele untereinander kann Folgendes ausgeführt werden: Je nach Sicht kann entweder von einer Dominanz des Rentabilitäts- oder des Liquiditätsziels ausgegangen werden. In jedem Fall jedoch sind beide Ziele als konfliktär anzusehen. Entweder kann das Streben nach Rentabilität dazu führen, dass das Unternehmen mangels liquider Mittel unerwarteten Zahlungsverpflichtungen nicht nachkommen kann und in einen (hoffentlich nur temporären) Liquiditätsengpass gerät. Oder das Streben nach Liquidität drückt sich in Form von Kassenbeständen aus. Kassenbestände selbst sind jedoch sich nicht verzinsendes (oder auch totes) Kapital und tragen somit nicht zur Rentabilitätssteigerung bei. Das Streben nach Sicherheit wird durch die Bildung von Liquiditätsreserven unterstützt, insofern ergänzen sich die Ziele Liquidität und Sicherheit. Die Unabhängigkeit wird gemeinhin nur als eine ergänzende – aber durchaus nicht uninteressante – Zielgröße angesehen.

3. Hinweise zur Lösung

Bei der Liquidität ist die Unterteilung sowohl in die Fähigkeit eines Wirtschaftssubjektes als auch in die Eigenschaft eines Wirtschaftsobjektes zwingend notwendig, soll eine mögliche Illiquidität frühzeitig erkannt werden. Nur wenn beides erfüllt ist, kann von einem liquiden Unternehmen gesprochen werden. Das eine geht nicht ohne das andere. Wenn der Geschäftsführer nicht gewillt ist, seine Rechnungen zu bezahlen, obgleich die erforderlichen Zahlungsmittel vorhanden sind, wird aufgrund dessen das Unternehmen durch den Geschäftsführer selbst nach außen hin als nicht zahlungsfähig – weil nicht zahlungswillig – dargestellt. Andersherum kann das Unternehmen – obgleich der Geschäftsführer gern zahlen wollte – bedingt durch das Nichtvorhandensein von Zahlungsmitteln oder sonstiger liquidierbarer Wirtschaftsgüter als illiquide angesehen werden.

Bei der Nutzung von Rentabilitätsgrößen zur Handlungsorientierung bei Finanzierungsentscheidungen ist darauf zu achten, dass sich gemäß dem „Grundsatz der Extensionsentsprechung"[2] die beiden genutzten Kapitalgrößen begrifflich gesehen auf den gleichen Kapitalumfang beziehen. Dabei ist zu beachten, dass der Kapitalumfang inhaltlich (Eigen- oder Fremdkapital, Einzelmaßnahme oder Gesamtheit)

---

[2] Vgl. Matschke (1991), S. 29.

oder zeitlich (Teil- oder Gesamtperiode) definiert sein kann. Bei einer Ausrichtung des Handelns an Rentabilitätsgrößen ist eine mögliche Nähe zum Leverage-Effekt, also der Hebelwirkung einer steigenden Verschuldung bezogen auf die Eigenkapital-Rentabilität, gegeben. Vgl. hierzu auch die Aufgabe zum Leverage-Effekt.

4. Literaturempfehlung

Becker, Hans Paul (2010): Investition und Finanzierung. Grundlagen der betrieblichen Finanzwirtschaft, 4. Auflage, Wiesbaden 2010, S. 9–27.

Matschke, Manfred Jürgen (1991): Finanzierung der Unternehmung, Herne 1991, S. 26–42.

3.2   Finanzplanung

Aufgabe 1:   Aufgaben und Grundsätze

Reproduktion, Wiedergabe des gelernten Wissens   10
---

1. Aufgabenstellung

a) Welche Aufgaben fallen der Finanzplanung zu?
b) Nennen und erläutern Sie die Grundsätze der Finanzplanung?

2. Lösung

Zu a): Grundsätzlich ist bei der Finanzplanung auf die Erfüllung der folgenden drei Aufgaben zu achten:

1. Ermittlung des künftigen Kapitalbedarfs und die Planung seiner Deckung hinsichtlich Höhe und Art der bereitzustellenden Mittel.
2. Sicherung der Liquidität unter Beachtung des Rentabilitätszieles. Konkret bedeutet dies: Erstens jederzeit allen Zahlungsverpflichtungen in voller Höhe nachkommen zu können und zweitens Liquiditätsüberschüsse zu minimieren.
3. Die Finanzplanung ist ein Mittel zur Koordination aller betrieblicher Teilplanungen, denn die Finanzplanung stellt die finanzielle Integration aller Teilpläne sicher, legt deren finanzwirtschaftliche Auswirkungen offen und vermag diese in genau einem Informationsinstrument, wie bspw. in einem zahlungsorientierten Finanzplan, zusammenzutragen.

Die systematische Erfassung der finanzwirtschaftlichen Konsequenzen aller künftigen Unternehmensaktivitäten in einem bestimmten Zeitraum und deren zielorientierte Abstimmung ist das Hauptanliegen einer jeden Finanzplanung. Dabei sind sowohl alle bevorstehenden Geld- und Kreditströme als auch die damit korrespondierenden Bestände in den Blick zu nehmen.

Zu b): Die Finanzplanung kennt drei Grundsätze. Diese sind:
- der Grundsatz der Zeitgenauigkeit,
- der Grundsatz der Betragsgenauigkeit und
- der Grundsatz der Vollständigkeit der Planungsansätze.

Der Grundsatz der Zeitgenauigkeit sieht eine zeitlich präzise Erfassung und Zuordnung von Ein- und Auszahlungen oder Einnahmen und Ausgaben sowie der damit verbundenen Bestände an Geld, Forderungen und Schulden vor. Dabei sind die Anforderungen an die Präzision um so größer, je kurzfristiger der Planungszeitraum der Finanzplanung vorgesehen ist.

Der Grundsatz der Betragsgenauigkeit erfordert die Wahl eines realistischen (und keinen über- oder unterbewerteten) Ansatzes von Ein- und Auszahlungen oder Einnahmen und Ausgaben sowie der damit verbundenen Bestände an Geld, Forderungen und Schulden. Nur so und in Verknüpfung mit dem Grundsatz der Zeitgenauigkeit gelingt es, die Illiquiditätsphase sowohl hinsichtlich ihrer Dauer als auch ihres betragsmäßigen Umfangs zu erkennen, welches dann Anlass zum zielorientierten Gegensteuern gibt.

Der Grundsatz der Vollständigkeit der Planungsansätze ist dem Hauptanliegen der Finanzplanung verpflichtet, das verbindende Moment bezogen auf die finanzwirtschaftlichen Konsequenzen aller Unternehmensaktivitäten zu sein. Lücken bei der Erfassung der Daten kann zum Nichterkennen von unter Umständen Unternehmensbestandbedrohenden Illiquiditätsphase führen.

3. Hinweise zur Lösung

Die Auseinandersetzung mit den Aufgaben und Grundsätzen der Finanzplanung soll dazu führen, dass einerseits das verbindende Element der Finanzplanung bezogen auf alle betrieblichen Teilpläne deutlich erkannt und zukünftig beachtet, also bei der Generierung von Entscheidungen, genutzt wird. Andererseits – und dazu trägt die Auseinandersetzung mit den Grundsätzen der Finanzplanung bei – funktioniert die Finanzplanung nicht nach den gewöhnlichen Verfahrensweisen der sogenannten kaufmännischen Vorsicht. Nicht ein dem Vorsichtsprinzip entsprechender höher bewerteter Ansatz von Auszahlungen (oder Ausgaben) möglichst noch zu einem früheren Zeitpunkt und niedriger bewerteter Ansatz von Einzahlungen (oder Einnahmen) zu einem unter Umständen auch späteren Zeitpunkt sind hier zielführend. Wichtig ist hier die Erkenntnis, dass die Finanzplanung als ein internes Rechenwerk dazu beiträgt, ein realistisches Abbild der finanziellen Situation des Unternehmens hervorzubringen, also ein Bild ohne stille Reserven, die bekanntlich nicht zur Steigerung der Rentabilität des Unternehmens beitragen, da sie erfahrungsgemäß mit Opportunitätskosten verbunden sind.

4. Literaturempfehlung

Matschke, Manfred Jürgen; Thomas Hering und Heinz Eckart Klingelhöfer (2002): Finanzanalyse und Finanzplanung, München 2002, S. 95–100.

Aufgabe 2:   Zahlungsorientierter Finanzplan (I)

Reorganisieren, Selbstständiges Verstehen des Wissens	15

1. Aufgabenstellung

Erstellen Sie auf Basis der in der vorgegebenen Tabelle bereits enthaltenen Daten einen zahlungsorientierten Finanzplan, und ermitteln Sie so den sich daraus ergebenden Kapitalbedarf jeder Periode des Planungszeitraumes. Welcher Betrag steht in t_5 insgesamt zur Entnahme zur Verfügung? Bitte berücksichtigen Sie noch die folgenden Prämissen:

- Sollzins = Habenzins = 10 % p. a.
- Im Bedarfsfall kann ein Kredit zu einem Zinssatz von 10 % p. a. aufgenommen werden.
- Beim Auftreten von Einzahlungsüberschüssen wird zunächst der Kredit bedient und dann erst eine Anlage gebildet.
- Beim Auftreten von Auszahlungsüberschüssen wird zunächst eine ggf. bestehende Anlage aufgelöst und erst dann ein Kredit aufgenommen.

Tab. 3:   Auszufüllender zahlungsorientierter Finanzplan

Zahlungen \ t	0	1	2	3	4	5
Auszahlungen	−10.000	−2.500	−6.000	−8.010	−4.550	−5.600
Einzahlungen	0	+2.000	+21.750	+3.700	+11.540	+9.000
Zahlungssaldo						
Kredite						
Aufnahme						
Zinszahlungen						
Tilgungen						
Finanzanlagen						
Zuführungen						
Zinserträge						
Auflösungen						
Finanzierungssaldo	0	0	0	0	0	0
Kreditbestand						
Anlagenbestand						
Kapitalbedarf						

2. Lösung

Zum Zeitpunkt t_5 steht ein Betrag von 10.000 zur Entnahme zur Verfügung. Der Kapitalbedarf zum jeweiligen Zeitpunkt ergibt sich aus der folgenden Tabelle:

Tab. 4:   Ausgefüllter zahlungsorientierter Finanzplan

Zahlungen \ t	0	1	2	3	4	5
Auszahlungen	−10.000	−2.500	−6.000	−8.010	−4.550	−5.600
Einzahlungen	0	+2.000	+21.750	+3.700	+11.540	+9.000
Zahlungssaldo	−10.000	−500	+15.750	−4.310	+6.990	+3.400
Kredite						
Aufnahme	+10.000	+1.500		+900		
Zinszahlungen		−1.000	−1.150		−90	
Tilgungen			−11.500		−900	
Finanzanlagen						
Zuführungen			−3.100		−6.000	−4.000
Zinserträge				+310		+600
Auflösungen				+3.100		
Finanzierungssaldo	**0**	**0**	**0**	**0**	**0**	**0**
Kreditbestand	10.000	11.500	0	900	0	0
Anlagenbestand	0	0	3.100	0	6.000	10.000
Kapitalbedarf	10.000	11.500	0	900	0	0

3. Hinweise zur Lösung

Aufgaben zum zahlungsorientierten Finanzplan haben zum Ziel, den Studierenden neben der Erfahrung einen Kapitalbedarf ermitteln zu können, auch den Zusammenhang von Rentabilität und Liquidität plastisch vor Augen zu führen. Aus Sicht der Liquidität reicht es aus, dass das Finanzierungssaldo (eine Größe vergleichbar dem Kassenbestand nach Abschluss aller Zahlungsvorgänge) gleich null beträgt. Ein Geldbetrag größer als null in der Kasse würde die Rentabilität des Unternehmens negativ beeinflussen, denn Geld in der Kasse kann weder zum wirtschaftlichen Erfolg beitragen, noch sich verzinsen.

Bei der Lösung einer solchen Aufgabe sollte daher von folgenden Überlegungen ausgegangen werden:

- Die oberen drei Zeilen des Finanzplanes spiegeln die Zahlungsvorgänge aus dem laufenden Geschäft wider. Das Zahlungssaldo ist demnach die Differenz aus den Ein- und Auszahlungen, die modellhaft vereinfacht, ausschließlich und genau an diesen Zeitpunkten anfallen.
- Ergibt sich ein Saldo von ungleich null, sind je nach Ausprägung des Saldos Anpassungsmaßnahmen erforderlich. Eine positive Differenz bedeutet, dass aus dem „normalen" Geschäftsbetrieb ein Überschuss erzielt wurde, der entweder zur Tilgung eines Kredites oder zur Bildung einer Finanzanlage genutzt werden kann. Fällt die Differenz negativ aus, besteht ein Bedarf an finanziellen Mitteln, der entweder durch die Bereitstellung eines Kredites oder (sofern vorhanden) durch die Auflösung einer Anlage gedeckt werden kann.
- Kredite und Finanzanlagen sind eng mit Zinsen verknüpft. Bei der Bearbeitung der Aufgabe sollte unbedingt mit der jeweils (i. d. R.) gegebenen Zinshöhe gerechnet werden. Hier wurde unterstellt, dass der Sollzins gleich dem Habenzins ist, was in der unternehmerischen Praxis eher als unwahrscheinlich gilt.
- Bei sämtlichen Zahlungsvorgängen sollten Vorzeichen verwendet werden (für Einzahlungen „+" und für Auszahlungen „–"). Dies ermöglicht eine schnelle Selbstkontrolle, ob am Ende wirklich ein Finanzierungssaldo in Höhe von null erreicht wurde.
- Der periodenbezogene Kapitalbedarf ergibt sich in diesem Beispiel aus der Höhe des aktuellen Kreditbestandes.

Am Beispiel dieser Aufgabe kann auf zwei Fehlerquellen hingewiesen werden. Zum einen wird in der Periode 1 nicht erkannt, dass sich die Höhe des aufzunehmenden Kredites aus der Summe des negativen Einzahlungsüberschusses aus der laufenden Geschäftstätigkeit und den zu zahlenden Zinsen bezogen auf den zum Zeitpunkt 0 aufgenommenen Kredit ergibt. Zum anderen kommt es gehäuft in der Periode 5 zu einem Fehler bei der Höhe der Zuführungen zu den Finanzanlagen. Sie ergibt sich aus der Summe des in diesem Fall positiven Einzahlungsüberschusses aus der laufenden Geschäftstätigkeit und dem Zinsertrag aus der in der Vorperiode getätigten Finanzanlage.

4. Literaturempfehlung

Schierenbeck, Henner und Claudia Wöhle (2012): Grundzüge der Betriebswirtschaftslehre, 18. Auflage, München 2012, S. 581–590.

Aufgabe 3: Zahlungsorientierter Finanzplan (II)

Reorganisieren, Selbstständiges Verstehen des Wissens   **15**

1. Aufgabenstellung

a) Erstellen Sie auf Basis der in der vorgegebenen Tabelle bereits enthaltenen Daten einen zahlungsorientierten Finanzplan, und ermitteln Sie so den sich daraus ergebenden Kapitalbedarf jeder Periode des Planungszeitraumes. Welcher Betrag steht in t_5 insgesamt zur Entnahme zur Verfügung? Bitte berücksichtigen Sie noch die folgenden Prämissen:

- Sollzins = 10 % p. a.
- Habenzins = 5 % p. a.
- Im Bedarfsfall kann ein Kredit zu einem Zinssatz von 10 % p. a. aufgenommen werden.
- Beim Auftreten von Einzahlungsüberschüssen wird zunächst der Kredit bedient und dann erst eine Anlage gebildet.
- Beim Auftreten von Auszahlungsüberschüssen wird zunächst eine ggf. bestehende Anlage aufgelöst und erst dann ein Kredit aufgenommen.

Tab. 5: Auszufüllender zahlungsorientierter Finanzplan

Zahlungen \ t	0	1	2	3	4	5
Auszahlungen	−12.000	−8.200	−7.500	−8.250	−13.000	−11.100
Einzahlungen	0	+5.200	+18.000	+10.000	+4.650	+16.200
Zahlungssaldo						
Kredite						
Aufnahme						
Zinszahlungen						
Tilgungen						
Finanzanlagen						
Zuführungen						
Zinserträge						
Auflösungen						
Finanzierungssaldo	0	0	0	0	0	0
Kreditbestand						
Anlagenbestand	10.000					
Kapitalbedarf						

b) Warum sollte bei einem Kapitalbedarf grundsätzlich zunächst eine bestehende Finanzanlage aufgelöst und erst dann eine Kreditaufnahme veranlasst werden? Und warum sollte dies auch für den Fall gelten, wenn die Sollzinsen den Habenzinsen entsprechen?

2. Lösung

Zu a): Zum Zeitpunkt t_5 steht ein Betrag von 5.000 zur Entnahme zur Verfügung. Der Kapitalbedarf zum jeweiligen Zeitpunkt ergibt sich aus der folgenden Tabelle:

Tab. 6:   Ausgefüllter zahlungsorientierter Finanzplan

Zahlungen \ t	0	1	2	3	4	5
Auszahlungen	−12.000	−8.200	−7.500	−8.250	−12.000	−10.100
Einzahlungen	0	+5.200	+18.000	+10.000	+4.650	+16.200
Zahlungssaldo	−12.000	−3.000	+10.500	+1.750	−8.350	+6.100
Kredite						
Aufnahme	+2.000	+3.200			−1.000	
Zinszahlungen		−200	−500			−100
Tilgungen			−5.000			−1.000
Finanzanlagen						
Zuführungen			−5.000	−2.000		−5.000
Zinserträge				+250	+350	
Auflösungen	+10.000				+7.000	
Finanzierungssaldo	**0**	**0**	**0**	**0**	**0**	**0**
Kreditbestand	2.000	5.000	0	0	1.000	0
Anlagenbestand	10.000 / 0	0	5.000	7.000	0	5.000
Kapitalbedarf	2.000	5.000	0	0	1.000	0

Zu b): Aus zwei Gründen gilt die Empfehlung, zunächst eine bestehende Finanzanlage aufzulösen und erst dann eine Kreditbereitstellung zu veranlassen:

1) In der Regel ist der für einen Kredit zu zahlende Zins (Sollzinsen) höher als der Zinsertrag aus einer Finanzanlage (Habenzinsen). Zwar gingen dann zukünftige

Habenzinsen verloren, doch im größeren Umfang (in diesem Fall mit doppelt so großen Zinssatz) werden zu zahlende Sollzinsen vermieden.

2) Unabhängig davon, und dies gilt insbesondere für den Fall der Entsprechung von Soll- und Habenzins, hilft die zunächst arrangierte Auflösung einer Finanzanlage dabei, die mit einer Kreditaufnahme einhergehenden Risiken einer Fremdfinanzierung zu vermeiden oder zumindest zu verringern. Vgl. hierzu die Aufgabe zu den Finanzierungszielen.

3. Hinweise zur Lösung

Gegenüber der Aufgabe 1 zum zahlungsorientierten Finanzplan wurde hier an zwei Stellen der Schwierigkeitsgrad erhöht. Zum einen differieren hier der Soll- und der Habenzins. Dies sollte von den Studierenden erkannt und bei der Berechnung der zu zahlenden Zinsen bzw. bei der Ermittlung der Höhe des Zinsertrages berücksichtigt werden. Dies wird häufig nicht erkannt und entsprechend umgesetzt und ist damit eine häufige Fehlerquelle.

Zum anderen besteht die Herausforderung darin, einen Finanzanlagenbestand sinnvollerweise mit in die Überlegung bezogen auf die Höhe eines aufzunehmenden Kredites einzubeziehen.

4. Literaturempfehlung

Schierenbeck, Henner und Claudia Wöhle (2012): Grundzüge der Betriebswirtschaftslehre, 18. Auflage, München 2012, S. 581–590.

3.3   Kapitalbeschaffung

3.3.1   Eigenfinanzierung

Aufgabe 1:   Eigen- versus Fremdkapital

Reorganisieren, Selbstständiges Verstehen des Wissens   15

1. Aufgabenstellung

Unterscheiden Sie Eigen- und Fremdkapital hinsichtlich der folgenden Merkmale:

Tab. 7:   Auszufüllende Merkmale von Eigen- und Fremdkapital

Merkmal	Eigenkapital	Fremdkapital
Haftungsfunktion		
Gewinn- und Verlustbeteiligung		
Vermögensanspruch		
Dauer der Kapitalüberlassung		
Finanzierungskapazität		
Rechte (Leitungsbefugnisse)		

2. Lösung

Tab. 8: Ausgefüllte Merkmale von Eigen- und Fremdkapital

Merkmal	Eigenkapital	Fremdkapital
Haftungsfunktion	Eigenkapitalgeber haften mindestens in Höhe der Einlage (Eigentümerstellung).	Keine Haftung (Gläubigerstellung).
Gewinn- und Verlustbeteiligung	Anteil am Erfolg (Gewinn oder Verlust).	Keine Gewinn- und Verlustbeteiligung, nur Zinsanspruch.
Vermögensanspruch	Anteil am Liquidationsgewinn (= Liquidationserlös – Schulden).	Gläubigeranspruch in Höhe der Forderungen.
Dauer der Kapitalüberlassung	I. d. R. unbefristet.	I. d. R. befristet (terminiert).
Finanzierungskapazität	I. d. R. begrenzt.	Abhängig vom Zins, der Kreditwürdigkeit und Sicherheiten.
Rechte (Leitungsbefugnisse)	Mitsprache-, Mitentscheidungs-, Informations- und Kontrollrechte entsprechend Gesetz oder Satzung.	Recht auf Kapitalrückerstattung und Zinszahlung.

3. Hinweise zur Lösung

Es ist für Finanzierungs- und Investitionsfragen von großer Bedeutung, Unterschiede zwischen Eigen- und Fremdkapital anhand von vorgegebenen Merkmalen angeben zu können. Studierende werden auf Grundlage dieser Unterscheidungsmerkmale vor die Herausforderung gestellt, Finanzierungsinstrumente des Eigen- und Fremdkapitals zu beurteilen.

Aufgrund der Haftungsfunktion des Eigenkapitals erwarten Eigenkapitalgeber eine Risikoprämie. Die Renditeforderung der Eigenkapitalgeber liegt i. d. R. über derjenigen von Fremdkapitalgebern, da diese vorrangig haften. Die Eigenkapitalgeber sind am Gewinn und am Verlust sowie an einem etwaigen Liquidationsgewinn beteiligt. Die Finanzierungskapazität ist aufgrund des natürlichen Rahmens und der Haftungsfunktion begrenzt. Des Weiteren verfügen Fremdkapitalgeber neben dem Recht auf Kapitalrückerstattung und Zinszahlung grundsätzlich über keine zusätzlichen Rechte, z. B. im Hinblick auf Leitungsrechte. In der Praxis kann es jedoch zu einer Vereinbarung bestimmter Rechte kommen. Hierzu zählen insbesondere Sonderkündigungsrechte, falls bestimmte im Rahmen der Kreditgewährung getroffene Absprachen nicht eingehalten wurden.

Eine Mindestausstattung von Eigenkapital wird von Fremdkapitalgebern i. d. R. als Voraussetzung angesehen, ihrerseits Kapital zur Verfügung zu stellen. Gegenstand empirischer Untersuchungen ist es, den Anteil von Eigen- und Fremdkapital bezogen auf das Gesamtkapital zu ermitteln und die sich jeweils daraus möglicherweise ergebenden Wirkungen auf die Unternehmensentwicklung abzuleiten.

4. Literaturempfehlung

Hering, Thomas und Christian Toll (2015): BWL-Klausuren. Aufgaben und Lösungen für Studienanfänger, 4. Auflage, Berlin 2015, S. 174–177.

Pape, Ulrich (2015): Grundlagen der Finanzierung und Investition, 3. Auflage, Berlin 2015, S. 32–34.

Wöhe, Günter und Ulrich Döring (2013): Einführung in die Allgemeine Betriebswirtschaftslehre, 25. Auflage, München 2013, S. 592–594.

Aufgabe 2:   Funktionen des Eigenkapitals

Reorganisieren, Selbstständiges Verstehen des Wissens   **15**

1. Aufgabenstellung

Nennen und erläutern Sie die Funktionen des Eigenkapitals in einem Unternehmen.

2. Lösung

1) Insofern das Eigenkapital einem Unternehmen durch deren Eigentümer für die Dauer der Existenz des Unternehmens bereitgestellt wird und diese wiederum bspw. zum Zeitpunkt nicht bekannt ist, schließlich hängt das oftmals nicht zuletzt vom wirtschaftlichen Erfolg des Unternehmens ab, erfüllt das Eigenkapital grundsätzlich eine sogenannte **Dauerfinanzierungsfunktion**. Davon bleibt unberührt, dass das Eigenkapital auch zwischenzeitlich durch die Unternehmenseigner entnommen werden kann. Entsprechende Formen der Entnahme des bereitgestellten Eigenkapitals sind die Entnahme im Falle eines Einzelkaufmanns, die Kündigung bei einer Personengesellschaft, durch das Ausscheiden eines Gesellschafters in Verbindung mit der Rückerstattung seiner ursprünglichen Einlage, oder die bei einer Aktiengesellschaft mögliche Kapitalherabsetzung.

2) Fremdkapitalgeber entscheiden bei einer geplanten Kapitalbereitstellung oftmals auch danach, über wie viel Eigenkapital das kapitalnachfragende Unternehmen bereits verfügt. Damit verknüpft ist die Erwartung, dass in wirtschaftlich schlechten Zeiten zunächst die Eigenkapitalgeber „haften". Die Fremdkapitalgeber genießen aufgrund dieser sogenannten **Voraushaftungsfunktion** einen stärkeren Schutz ihres Kapitals als die Eigenkapitalgeber. Im Sinne der Voraushaftung wird dem Eigenkapital somit eine **Protektionsfunktion** zugeschrieben. Sollten Verluste auftreten, ist

für deren Ausgleich gemäß der **Verlustausgleichsfunktion** zunächst das Eigenkapital vorzusehen.

3) Im Rahmen der wirtschaftlichen Tätigkeit eines Unternehmens sind oftmals auch risikoreiche Geschäfte oder Betätigungsfelder zu beobachten. Hierzu zählen neben Investitionen in Exportgeschäfte auch die Investitionen in die eigene Forschung und Entwicklung. Ein Risiko leitet sich dann daraus ab, da bspw. zum Zeitpunkt der Etablierung von Forschungs- und Entwicklungskapazitäten noch nicht absehbar ist, ob sich später einmal die F&E-Ergebnisse in Form innovativer Produkte oder Dienstleistungen erfolgreich am Absatzmarkt realisieren lassen. Zur Finanzierung solcher Investitionen wird gemäß der **Risikofinanzierungsfunktion** bevorzugt Eigenkapital zum Einsatz gebracht.

Zwar haben sich bezogen auf einen solchen Kapitalbedarf auch externe (und nicht zuletzt auch Fremd-)Kapitalgeber etabliert, nur erwarten diese mit Blick auf das Risiko bspw. einen deutlich höheren Zins. Diese nicht unbeträchtlichen Zinsforderungen können vermieden werden, wenn ausreichend Eigenkapital zur Verfügung steht.

4) Insofern in Abgrenzung zu den Fremdkapitalgebern, den Eigenkapitalgebern sämtliche Mitsprache-, Mitentscheidungs-, Informations- und Kontrollrechte entsprechend Gesetz oder Satzung zufallen, vgl. die Aufgabe „Eigen- versus Fremdkapital", besitzen sie bezogen auf die Leitung und Lenkung der Unternehmensgeschicke die dazu notwendigen Befugnisse und Freiheiten. Je umfänglicher das Eigenkapital einzuschätzen ist, desto geringer ist die Wahrscheinlichkeit, dass die Eigenkapitalgeber durch die Fremdkapitalgeber in ihrer Dispositionsfreiheit eingeschränkt werden. Das Eigenkapital erfüllt daher die **Autonomie- und Herrschaftsfunktion**.

5) Resultiert aus der Geschäftstätigkeit des Unternehmens ein wirtschaftlicher Erfolg im Sinne eines Gewinnes oder auch Verlustes, so stehen diese Größen den Eigenkapitalgebern als Residualeinkommen zu. Das Eigenkapital in seiner Höhe und Struktur ist ausschlaggebend dafür, welcher Eigenkapitalgeber wie viel von diesem wirtschaftlichen Erfolg beanspruchen kann. Gleiches gilt bezogen auf einen möglichen Vermögensanspruch, der sich im Liquidationsfall ergibt. Das Eigenkapital weist somit auch die **Erfolgs- und Liquidationserlösverteilungsfunktion** auf.

6) Die Frage des bereits verfügbaren Eigenkapitals, vgl. die Ausführungen zur **Voraushaftungs-, Protektions- und Verlustausgleichsfunktion** des Eigenkapitals, spielt nicht nur eine Rolle in Zeiten eines schlechten wirtschaftlichen Erfolges. Ganz grundsätzlich bezieht ein potenzieller Fremdkapitalgeber das vorhandene Eigenkapital in die Entscheidungen über eine Kapitalbereitstellung mit ein. Bei solchen Überlegungen kommen oft auch sogenannte Finanzkennzahlen wie bspw. die Eigenkapitalquote oder der Verschuldungsgrad zum Einsatz, vgl. hierzu die Aufgaben im Abschnitt 3.4 „Kapitalstrukturregeln und Finanzkennzahlen". Diesen Finanzkennzahlen zufolge wird dem Unternehmen vergleichsweise bevorzugt ein Darlehen

gewährt, welches am besten mit Eigenkapital ausgestattet ist. Demgemäß erfüllt das Eigenkapital nicht zuletzt auch eine **Kreditwürdigkeitsfunktion**.

3. Hinweise zur Lösung

Es hat sich als verständnisunterstützend herausgestellt, neben der Abgrenzung der Eigenschaften von Eigen- und Fremdkapital auch explizit auf die grundständigen Funktionen des Eigenkapitals einzugehen. Einerseits ergeben sich bereits einige dieser Abgrenzungen, wenn das Eigenkapital im Gegensatz zum Fremdkapital einem Unternehmen quasi unbefristet überlassen wird. Hieran schließt unmittelbar die Dauerfinanzierungsfunktion des Eigenkapitals mit Blick auf die wirtschaftliche Tätigkeit des Unternehmens an.

Andererseits ist es auf diese Weise durchaus sinnvoll, auf weitere Aspekte oder Effekte des bevorzugten Einsatzes von Eigenkapital einzugehen, die sich nicht zwingend aus dem Vergleich mit den Eigenschaften des Fremdkapitals ableiten. Nicht zuletzt wird dadurch die funktionsorientierte Sichtweise auf die Finanzwirtschaft im Allgemeinen und die Finanzierung im Besonderen befördert.

4. Literaturempfehlung

Matschke, Manfred Jürgen (1991): Finanzierung der Unternehmung, Herne 1991, S. 61–63.

Aufgabe 3:   Beteiligungsfinanzierung bei Personengesellschaften

Reorganisieren, Selbstständiges Verstehen des Wissens, Transfer   18

1. Aufgabenstellung

Eine OHG hat vier Gesellschafter und weist die folgenden Beteiligungsverhältnisse auf:

Gesellschafter A:	100.000 Euro
Gesellschafter B:	50.000 Euro
Gesellschafter C:	30.000 Euro
Gesellschafter D:	20.000 Euro

1) Im abgelaufenen Geschäftsjahr ist ein Gewinn in Höhe von 20.000 Euro angefallen. Verteilen Sie diesen Gewinn regelkonform auf die vier Gesellschafter.

2) Wie sieht die Verteilung aus, wenn statt eines Gewinns ein Verlust in derselben Höhe angefallen wäre?

3) Was kann bei diesen Verteilungsmodi als problematisch angesehen werden?

4) Welche Möglichkeiten sehen Sie, um das mit diesem Verteilungsmodus verknüpfte Problem zu vermeiden?

2. Lösung

Zu 1): Verteilung des Gewinns in Höhe von 20.000 Euro auf die vier Gesellschafter: Die Verteilung eines Gewinnes hat gemäß § 121 Abs. 1 und 3 HGB zu erfolgen. Demnach wird jedem Gesellschafter zunächst eine 4 %ige Verzinsung seiner Einlage gewährt. Sollte darüber hinaus noch zu verteilender Gewinn vorliegen, so wird bei der Verteilung des Restes nun die Regel „nach Köpfen" angewandt. Die nachfolgende Tabelle stellt die gesellschafterbezogenen Größen zusammen.

Tab. 9:   Gewinnverteilungsplan bei der OHG

Gesellschafter	Einlage abs.	Einlage rel.	4 %-Vorabverteilung	Rest nach Köpfen	Summe	Gesamtverzinsung der Einlage
A	100.000	50 %	4.000	3.000	7.000	7 %
B	50.000	25 %	2.000	3.000	5.000	10 %
C	30.000	15 %	1.200	3.000	4.200	14 %
D	20.000	10 %	800	3.000	3.800	19 %
Summe	200.000	100 %	8.000	12.000	20.000	–

Zu 2): Verteilung eines Verlustes in Höhe von 20.000 Euro: Die Verteilung eines Verlustes hat gemäß § 121 Abs. 3 HGB zu erfolgen. Dort ist eine Verlustbeteiligung aller Gesellschafter „nach Köpfen" vorgesehen. Die nachfolgende Tabelle stellt die gesellschafterbezogenen Größen zusammen.

Tab. 10:   Verlustverteilungsplan bei der OHG

Gesellschafter	Einlage abs.	Einlage rel.	Verlustanteil	Anteil des Verlustanteils an der Einlage
A	100.000	50 %	5.000	5 %
B	50.000	25 %	5.000	10 %
C	30.000	15 %	5.000	16,7 %
D	20.000	10 %	5.000	25 %
Summe	200.000	100 %	20.000	–

Zu 3): Das grundlegende Problem bei diesen Verteilungsmodi ist die „Ungleich-Be-handlung" der Gesellschafter. Deutlich wird dies, wenn die Anteile der Einlagen am Gesamtkapital im Verhältnis zur am Ende erhaltenen Verzinsung betrachtet werden. Im Gewinnfall hält der Gesellschafter A die Hälfte des Eigenkapitals und erfährt nur eine Verzinsung im Umfang von 7 %. Der Gesellschafter D, welcher nur 10 % des Eigenkapitals beisteuert, erhält eine Verzinsung in Höhe von 19 %. Ebenso wird diese „Ungleich-Behandlung" im Verlustfall sichtbar. Nur ist hier nicht der Gesell-schafter A, der benachteiligt wird, sondern der Gesellschafter D. Da grundsätzlich „nach Köpfen" verteilt wird, jedem also der gleiche Verlustanteil zusteht, wird der Gesellschafter D im Vergleich zu seiner erbrachten Einlage stärker belastet (25 %) als Gesellschafter A (5 %). Häufig wird daher vom gesetzlichen Verteilungsmodus abgewichen und eine Verteilung bspw. unter Berücksichtigung des geleisteten Ar-beitseinsatzes gewählt.

Zu 4): Grundsätzlich sind die folgenden vier Möglichkeiten zur Vermeidung einer solchen Problemlage denkbar:

1) Im zweiten Schritt könnte statt der Nutzung der Verteilung „nach Köpfen" zu einer „angemessenen" Verteilung des Restgewinns bspw. nach Kapitalanteilen über-gegangen werden.

2) Bei Gründung einer OHG könnten Absprachen bezogen auf die von den Gesell-schaftern einzubringende Eigenkapitalhöhe getroffen werden. Im Ergebnis würde dies zu einer ausgewogenen Kapitalstruktur führen.

3) Als eine temporäre Lösung besteht die Möglichkeit der Nichtausschüttung des Gewinnes und einem im Sinne der Selbstfinanzierung unmittelbaren Wiedereinsatz der erwirtschafteten Überschussgrößen.

4) Grundsätzlich besteht natürlich auch die Möglichkeit, die Rechtsform zu ändern. Zu überlegen wäre in diesem Zusammenhang ein Übergang zur Rechtsform einer GmbH, die eine Erfolgsverteilung nach Kapitalanteilen vorsieht.

3. Hinweise zur Lösung

Die Grundlage für den zu erstellenden Gewinn- bzw. Verlustverteilungsplan findet sich in den Regelungen des § 121 HGB. Deren Kenntnisse sind also unbedingt er-forderlich zur Bearbeitung einer solchen Aufgabe. Zudem sollte ein kritischer Blick beherrscht werden, um die Wirkungen dieser Verteilungsmodi (vgl. die Lösung zu 3.) wahrzunehmen, deren Folgen zu erkennen und ggf. Überlegungen abzuleiten, die dieser „Ungleich-Behandlung" entgegensteuern. Hierbei können die Studierenden in besonderer Weise ihre erworbenen Fähigkeiten der Reorganisation oder auch des Transfers ihres erworbenen Wissens unter Beweis stellen.

4. Literaturempfehlung

Becker, Hans Paul (2010): Investition und Finanzierung. Grundlagen der betrieblichen Finanzwirtschaft, 4. Auflage, Wiesbaden 2010, S. 142.

Blaese, Dietrich (2003): Gesellschaftsrecht. Grundriss für Studierende, Herne 2003, S. 96–97.

Gräfer, Horst; Bettina Schiller und Sabrina Rösner (2011): Finanzierung. Grundlagen, Instrumente und Kapitalmarkttheorie, 7. Auflage, Berlin 2011, S. 79–82.

Handelsgesetzbuch (HGB) vom 10. Mai 1897, zuletzt geändert durch Art. 8 des Gesetzes vom 1. März 2011, BGBl. Teil I, S. 288, hier § 121.

Aufgabe 4:   Beteiligungsfinanzierung bei Kapitalgesellschaften –
             Kapitalerhöhung einer Aktiengesellschaft

Reorganisieren, Selbstständiges Verstehen des Wissens   10

1. Aufgabenstellung

Die Bau AG verfügt über ein Grundkapital in Höhe von 1 Mio. Euro. Der Nennwert der insgesamt 1.000.000 Aktien beträgt 1 Euro. Über eine Kapitalerhöhung soll das Grundkapital um 25 % erhöht werden. Der Börsenwert einer Aktie vor der Kapitalerhöhung liegt bei 50 Euro. In diesem Kurs ist die Vorteilhaftigkeit der Investition aus der Kapitalerhöhung bereits berücksichtigt. Die jungen Aktien sollen zu einem Kurs von 40 Euro ausgegeben werden.

a)   Welcher Finanzmittelbetrag fließt der Bau AG durch die Kapitalerhöhung zu, und welcher Betrag wird in das Grundkapital eingestellt?

b)   Wie viele Aktien kann ein Altaktionär, der 100 Aktien besitzt, über das Bezugsrecht bevorzugt erwerben?

c)   Welcher rechnerische Mischkurs ergibt sich für die Aktien nach der Kapitalerhöhung?

d)   Ermitteln Sie den rechnerischen Wert des Bezugsrechts (BR) über die traditionelle Bezugsrechtsformel.

e)   Weshalb liegt der Preis der jungen Aktien unterhalb des Börsenkurses der alten Aktien?

2. Lösung

Zu a): Die Erhöhung des Grundkapitals um 25 % hat zur Folge, dass zusätzliche 250.000 Aktien ausgegeben werden. Da deren Emission zu einem Kurs von 40 Euro erfolgt, fließt der Bau AG ein Finanzmittelbetrag in Höhe von 10 Mio. Euro

(= 250.000 · 40 Euro) zu. Davon wird ein Betrag von 250.000 Euro (= 250.000 · 1 Euro) in das Grundkapital eingestellt.

Zu b): Die Erhöhung des Grundkapitals um 25 % bedeutet, dass auf 1 Mio. alte Aktien 250.000 junge Aktien entfallen. Ein Altaktionär, der sich im Besitz von 100 Aktien befindet, kann seinen Bestand um 25 % erhöhen. Daher bekommt er Bezugsrechte eingeräumt, die es ihm gestatten, 25 Aktien bevorzugt zu erwerben.

Zu c): Der rechnerische Mischkurs ergibt sich als gewichteter Durchschnitt aus dem Kurs der alten Aktien sowie dem Kurs der jungen Aktien:

$$\text{rechnerischer Mischkurs} = \frac{na \cdot Ka + nj \cdot Kj}{na + nj}$$

mit

Ka	Kurs der alten Aktien vor der Kapitalerhöhung
Kj	Kurs der jungen Aktien nach der Kapitalerhöhung
na	Anzahl alter Aktien
nj	Anzahl junger Aktien

$$\text{rechnerischer Mischkurs} = \frac{1.000.000 \cdot 50\ \text{Euro} + 250.000 \cdot 40\ \text{Euro}}{1.000.000 + 250.000} = 48\ \text{Euro}$$

Zu d): Die traditionelle Bezugsrechtsformel lautet:

$$BR = \frac{Ka - Kj}{\dfrac{na}{nj} + 1}$$

mit

BR	Wert des Bezugsrechts in Euro
Ka	Kurs der alten Aktien vor der Kapitalerhöhung
Kj	Kurs der jungen Aktien nach der Kapitalerhöhung
na/nj	Bezugsverhältnis

$$BR = \frac{50\ \text{Euro} - 40\ \text{Euro}}{\dfrac{1.000.000}{250.000} + 1} = 2\ \text{Euro}$$

Der Wert des Bezugsrechts beträgt 2 Euro.

Alternative Berechnung:
Der Wert des Bezugsrechts ergibt sich durch die Differenz aus dem Kurs der Aktien vor der Kapitalerhöhung und dem rechnerischen Mischkurs nach der Kapitalerhöhung:

BR = Ka – rechnerischer Mischkurs = 50 Euro – 48 Euro = 2 Euro.

Zu e): Der Kurs der jungen Aktien liegt unter dem der alten Aktien, um die sogenannte Kapitalverwässerung zu berücksichtigen. Durch die Erhöhung des Grundkapitals wird der Gewinn auf eine größere Anzahl von Aktien verteilt, die Folge ist ein sinkender Aktienkurs. Es ergibt sich ein Mischkurs, der niedriger als der Kurs der alten Aktien ist. Zum Ausgleich erhalten die Altaktionäre das in Aufgabenteil d) angesprochene Bezugsrecht. Ein weiterer Grund sind Vermarktungsgesichtspunkte. Ein „günstiger Ausgabekurs" der jungen Aktien soll Investoren für ein Investment überzeugen.

3. Hinweise zur Lösung

Für das Verständnis dieser Aufgabe bzw. für ein erfolgreiches Lösen ist es notwendig, die Auswirkungen einer Kapitalerhöhung zu verstehen.

Im Aufgabenteil a) ist für die Errechnung des zufließenden Finanzmittelbetrages zu erkennen, dass über eine 25 %ige Erhöhung des Grundkapitals insgesamt 250.000 junge Aktien ausgegeben werden. Da der Nennwert der jungen Aktien 1 Euro beträgt, ergibt sich eine Erhöhung des Grundkapitals um 250.000 Euro. Der Zufluss von Finanzmitteln beträgt insgesamt 10 Mio. Euro.

Außerdem ist zu berechnen, wie viele junge Aktien Altaktionäre bevorzugt erwerben können. Ein Altaktionär, der sich im Besitz von 100 Aktien befindet, kann seinen Aktienbestand bevorzugt um 25 % ausweiten. Daher kann der Altaktionär 25 Aktien erwerben (Aufgabenteil b).

Der rechnerische Mischkurs ergibt sich als gewichteter Kurs aus dem Kurs der alten Aktien und dem Kurs der jungen Aktien (Aufgabenteil c).

Der in Teilaufgabe d) zu bestimmende Wert des Bezugsrechtes lässt sich über zwei Lösungswege errechnen. Der Wert des Bezugsrechtes kann einerseits als Differenz aus dem Kurs der alten Aktie und dem Mischkurs errechnet werden. Über diesen Lösungsansatz wird deutlich, dass das Bezugsrecht als Ausgleich für den Wertverlust durch die Kapitalverwässerung den Altaktionären zugesprochen wird. Andererseits lässt sich die traditionelle Formel für die Berechnung des Wertes des Bezugsrechtes heranziehen.

4. Literaturempfehlung

Gräfer, Horst; Bettina Schiller und Sabrina Rösner (2011): Finanzierung. Grundlagen, Institutionen, Instrumente und Kapitalmarkttheorie, 7. Auflage, Berlin 2011, S. 94–102.

Hering, Thomas und Christian Toll (2015): BWL-Klausuren. Aufgaben und Lösungen für Studienanfänger, 4. Auflage, Berlin 2015, S. 179–180.

Perridon, Louis; Manfred Steiner und Andreas Rathgeber (2012): Finanzwirtschaft der Unternehmung, 16. Auflage, München 2012, S. 404–409.

3.3.2   Fremdfinanzierung

Aufgabe 1:   Kurzfristige Fremdfinanzierung – Factoring

Reorganisieren, Selbstständiges Verstehen des Wissens	10

1. Aufgabenstellung

Eine Internet-Versandapotheke verzeichnet einen jährlichen – und erstaunlicherweise über alle Monate gleichverteilten – Umsatz in Höhe von 240 Mio. Euro. Aus Gründen aktueller Liquiditätsengpässe, des schlechten Standes bei Banken und beabsichtigter Kostensenkungsmaßnahmen erwägt das Unternehmen den Verkauf aller Forderungen an eine Factoringgesellschaft. Die Factoringgesellschaft unterbreitet das folgende Angebot:

– Übernahme der Dienstleistungsfunktion für eine Gebühr in Höhe von 1,5 % bezogen auf den Umsatz,

– Übernahme des Forderungsausfallrisikos gegen eine Delkrederegebühr in Höhe von 1 % des Umsatzes sowie

– Übernahme einer Vorausfinanzierungsfunktion verbunden mit einem Zins von 6 % p. a. und einem Zahlungsziel von 30 Tagen.

1) Wie bewerten Sie dieses Angebot, wenn die bisherigen betrieblichen Aufwendungen für die Bonitätsprüfungen, die Rechnungslegung, die Debitorenbuchhaltung, das Forderungsmanagement und den Zinsen für etwaige Überbrückungskredite rund 3 Mio. Euro pro Jahr betragen und dennoch 2 % der Forderungen ausfallen?

2) Wie sichert sich die Factoringgesellschaft gegen das Forderungsausfallrisiko ab?

3) Welche Argumente können neben einer Kostenvergleichsbetrachtung im engeren Sinne noch ins Feld geführt werden, wenn überlegt wird, sowohl die Rechnungslegung als auch das Forderungsmanagement an eine Factoringgesellschaft abzugeben? Nutzen Sie dafür bspw. die Sichtweise eines Zahnarztes, der bekanntlich für Zahnersatzleistungen gegenüber seinen Patienten Rechnungen zu stellen hat.

2. Lösung

Zu 1): Die Factoringkosten lassen sich wie folgt ermitteln:

Dienstleistungsgebühr	1,5 % von 240 Mio. Euro	= 3,6 Mio. Euro
+ Delkrederegebühr	1 % von 240 Mio. Euro	= 2,4 Mio. Euro
+ Zinsen	6 % p. a. bezogen auf ein 1/12	
	des Jahresumsatzes über 30 Tagen	= 1,2 Mio. Euro
= Factoringkosten		= 7,2 Mio. Euro

Auf der Seite der Internet-Versandapotheke stehen diesen Factoringkosten die betrieblichen Aufwendungen (3 Mio. Euro) und der Schaden aufgrund des Forderungsausfalls (2 % von 240 Mio. Euro = 4,8 Mio. Euro) in Summe von 7,8 Mio. Euro gegenüber.

Der Vergleich ergibt, dass das Factoringangebot als günstiger einzuschätzen ist, wenn es gelingt, die bisherigen betrieblichen Aufwendungen wirklich einzusparen.

Zu 2): Die Factoringgesellschaft sichert sich durch zwei Maßnahmen gegen das Forderungsausfallrisiko ab. Zum einen kauft sie stets nur **alle** Forderungen an. Damit wird vermieden, dass das Unternehmen, welches die Forderungen abtritt, eine Auswahl vornimmt und nur die „schlechten" Forderungen verkauft. Zum anderen wird die erhobene Delkrederegebühr genutzt, um sich selbst gegen den Forderungsausfall rückzuversichern. Die Höhe der Delkrederegebühr entspricht in etwa der zu zahlenden Versicherungsprämie. Zudem verfügt eine auf das Factoring spezialisierte Finanzdienstleistungsgesellschaft über deutlich besser ausgebaute Möglichkeiten im Rahmen eines Forderungsmanagements, als dies bei produzieren oder selbst Handels-Unternehmen der Fall ist. Der Forderungsausfall ist dort erfahrungsgemäß geringer.

Zu 3): Neben der Kostenvergleichsbetrachtung im engeren Sinne sind bspw. im Falle eines Zahnarztes auch Überlegungen bezogen auf das berufliche Selbstverständnis anzustellen, die ausschlaggebend für eine Auslagerung dieser Aufgaben an eine Factoringgesellschaft sind. Ein Zahnarzt hat Zahnmedizin und nicht Betriebswirtschaftslehre studiert. Fortbildungsmaßnahmen wären erforderlich, um auch eine solche Aufgabe adäquat erfüllen zu können. Selbst die Delegation dieser Aufgaben an die Mitarbeiterinnen von Zahnarztpraxen, die Zahnmedizinischen Fachangestellten, ist mit einem Fortbildungsaufwand verknüpft. Zudem ist die Delegation einer solchen Aufgabe zumindest gelegentlich auch mit einem Kontrollverlust verbunden.

3. Hinweise zur Lösung

Eine Bewertung des Factorinangebotes erfolgt durch Gegenüberstellung der Factoringkosten mit den entsprechenden betrieblichen Aufwendungen. Hierzu ist also die Summe der sich aus dem Angebot ergebenden Teilbeträge zu ermitteln und der Summe der betrieblichen Kostengrößen gegenüberzustellen. Bei letzterer Größe ist darauf zu achten, dass neben den betrieblichen Aufwendungen auch die Höhe der Ausfälle zu berücksichtigen sind, denn im Fall des Factoring trägt der Factor diese Risiken.

Selbst wenn, wie in diesem Beispiel, die Factoringkosten 0,8 Mio. Euro unter den betrieblichen Aufwendungen liegen, muss es sich am Ende nicht als günstiger herausstellen. Insofern nämlich der Hauptteil dieser Aufwendungen Personalaufwendungen sind, ist es oftmals schwierig, eine zeitnahe und zudem kostenneutrale Freisetzung des nun nicht mehr für solche Aufgaben benötigten Personals zu realisieren.

4. Literaturempfehlung

Becker, Hans Paul (2010): Investition und Finanzierung. Grundlagen der betrieblichen Finanzwirtschaft, 4. Auflage, Wiesbaden 2010, S. 254–259.

Däumler, Klaus-Dieter und Jürgen Grabe (2013): Betriebliche Finanzwirtschaft, 10. Auflage, Herne 2013, S. 302–313.

Jahrmann, Fritz-Ulrich (2009): Finanzierung, 6. Auflage, Herne 2009, S. 151–158.

Aufgabe 2: Kurzfristige Fremdfinanzierung – Lieferantenkredite

Reproduktion, Wiedergabe des gelernten Wissens	8

1. Aufgabenstellung

Die Möbel KG aus Löhne erhält von einem Lieferanten das Angebot, einen Skontosatz von 3 % von dem Rechnungsbetrag über 10.000 Euro abzuziehen. Das Zahlungsziel wird mit 30 Tagen angegeben und die Skontofrist beträgt 10 Tage, jeweils beginnend ab dem Datum der Rechnungsstellung.

a) Wie viele Tage umfasst die Kreditlaufzeit des Lieferantenkredites

–   mit der Möglichkeit des Skontoabzugs und

–   ohne die Möglichkeit des Skontoabzugs?

b) Wie hoch ist die rechnerische Skontoverzinsung (vereinfachte Formel) bezogen auf das Jahr?

c) Wann ist die Ausnutzung des Skontos aus Sicht des Käufers sinnvoll?

2. Lösung

Zu a): Die folgende Abbildung veranschaulicht die Kreditlaufzeiten beim Lieferantenkredit.

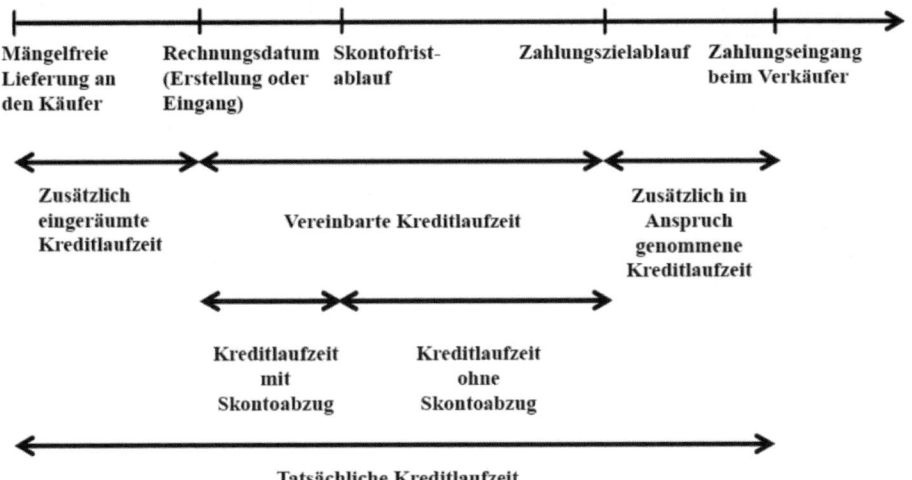

Abb. 5:   Kreditlaufzeiten beim Lieferantenkredit[3]

In diesem Fall erwartet der Verkäufer der Produkte spätestens 30 Tage nach Erstellung der Rechnung den Zahlungseingang (vereinbarte Kreditlaufzeit). Eine frühere Zahlung, die nach spätestens 10 Tagen erfolgen muss, wird mit der Abzugsmöglichkeit von Skonto belohnt. Die Kreditlaufzeit mit der Möglichkeit des Skontoabzugs des Lieferantenkredites wird demnach über einen Zeitraum von 10 Tagen vergeben. Die Kreditlaufzeit ohne die Möglichkeit des Skontoabzugs des Lieferantenkredites wird über einen Zeitraum von weiteren 20 Tagen eingeräumt.

Der Käufer der Produkte und Schuldner der Kaufpreiszahlung kann demnach entscheiden, ob einerseits die Zahlung innerhalb der Kreditlaufzeit mit Skontoabzug von 10 Tagen erfolgen soll. Andererseits kann die Zahlung innerhalb der Kreditlaufzeit ohne Skontoabzugsmöglichkeit von weiteren 20 Tage erfolgen.

Die tatsächliche Kreditlaufzeit umfasst noch weitere Zeiten im Vergleich zur vereinbarten Kreditlaufzeit. Zu den weiteren Zeiten zählt die zusätzlich eingeräumte Kreditlaufzeit, die den Zeitraum erfasst, der zwischen der mängelfreien Lieferung an

---

[3] Vgl. Matschke (1991), S. 227.

den Käufer sowie der Erstellung der Rechnung liegt. Daneben verlängert sich die Kreditlaufzeit, falls die Zahlung erst nach dem Zahlungszielablauf erfolgt. Ggf. sind in diesem Fall Verzugszinsen und Mahngebühren zu entrichten.

Zu b): Zur Ermittlung der jährlichen Skontoverzinsung wird auf die vereinfachte Formel zurückgegriffen. Die jährliche Skontoverzinsung ergibt sich durch:[4]

$$P = \frac{S'}{z-s} \cdot 360$$

mit

$$S' = \frac{S}{100\,\% - S}$$

und

P   rechnerische Skontoverzinsung bezogen auf ein Jahr
S   Skontosatz in %
S'   Skontosatz in % in Bezug auf den um den Skontosatz reduzierten Rechnungs-
     betrag
z   Zahlungsziel in Tagen
s   Skontofrist

$$S' = \frac{3\,\%}{100\,\% - 3\,\%} = 3,09\,\%$$

Durch diese Berechnung wird der verminderte Kapitaleinsatz durch den Abzug von Skonto in Höhe von 3 % berücksichtigt. Der Skontosatz von 3 % entspricht einem Satz S' von 3,09 %, bezogen auf einen Kapitalbetrag in Höhe von 97 % (= 9.700 Euro) des ursprünglichen Rechnungsbetrages.

$$P = \frac{3,09\,\%}{30-10} \cdot 360 = 55,62\,\%$$

Die Skontoverzinsung bezogen auf ein Jahr beträgt bei dem vorliegenden Angebot 55,62 %.

Zu c): Der Käufer der Waren und Schuldner der Kaufpreiszahlung wird die Möglichkeit des Skontoabzugs nutzen, wenn er dadurch einen Finanzierungsvorteil erlangt. Eine Kreditaufnahme zur Nutzung des Skontoabzugs bei einer Bank ist immer dann sinnvoll, wenn die Kosten für die Kreditaufnahme geringer als die Skontover-

---

[4] Vgl. Perridon/Steiner/Rathgeber (2012), S. 455.

zinsung sind. In diesem Fall sollte der Skontoabzug in Anspruch genommen werden und die Zahlung am 10. Tag erfolgen. Die Kosten für die Inanspruchnahme des Lieferantenkredites entsprechen dem Verzicht auf Abzug von Skonto, in diesem Fall 300 Euro. In dieser Situation dürften die Kreditkosten eine Verzinsung von 55,6 % p. a. nicht übersteigen.

Des Weiteren wird durch die Nutzung des Skontoabzugs durch Reduzierung des Rechnungsbetrags die Liquidität des Unternehmens geschont. Außerdem ist die Nutzung des Skontoabzugs gegenüber Geschäftspartnern ein Signal, in der Liquiditätsplanung frei disponibel und nicht in einer angespannten Situation zu sein.

3. Hinweise zur Lösung

Im Geschäftsleben ist es alltäglich, dass Gläubiger Zahlungsziele einräumen. Darüber hinaus wird eine besonders schnelle Zahlung mit dem Abzug von Skonto belohnt.

Für die Lösung von Aufgaben zum Lieferantenkredit ist es erforderlich, zu erkennen, über wie viele Tage ein Lieferantenkredit eingeräumt wird. Fehler bei der Bearbeitung dieses Aufgabentyps treten insbesondere an dieser Stelle auf. Eine Unterscheidung der Zeiträume „Zahlungsziel in Tagen", „Skontofrist" und „Kreditlaufzeit des Lieferantenkredites mit der Möglichkeit des Skontoabzugs und ohne die Möglichkeit des Skontoabzugs" ist in diesem Kontext unabdingbar.

Außerdem ist zur Beurteilung der Kosten eines Lieferantenkredites zu erkennen, dass sich der Skontosatz auf den recht kurzen Zeitraum der „Kreditlaufzeit des Lieferantenkredites ohne die Möglichkeit des Skontoabzugs" bezieht. Für einen Vergleich mit den Kosten eines Bankkredites ist zu beachten, dass die effektiven Zinssätze i. d. R. bezogen auf ein Jahr, d. h. p. a., angegeben werden. Für einen Vergleich von Lieferantenkredit und Bankkredit ist die Verzinsung zu vergleichen, die sich auf die gleiche Laufzeit, hier ein Jahr, bezieht (Fristenkongruenz). Daher wird für einen Vergleich die Verzinsung des Lieferantenkredites auf eine jährliche Verzinsung umgerechnet.

4. Literaturempfehlung

Hering, Thomas und Christian Toll (2015): BWL-Klausuren. Aufgaben und Lösungen für Studienanfänger, 4. Auflage, Berlin 2015, S. 186–187.

Olfert, Klaus und Horst-Joachim Rahn (2013): Einführung in die Betriebswirtschaftslehre, 11. Auflage, Herne 2013, S. 372.

Perridon, Louis; Manfred Steiner und Andreas Rathgeber (2012): Finanzwirtschaft der Unternehmung, 16. Auflage, München 2012, S. 455–456.

Aufgabe 3:   Langfristige Fremdfinanzierung – Darlehensarten

Reorganisieren, Selbstständiges Verstehen des Wissens   18

1. Aufgabenstellung

Zur Finanzierung einer Investition werden der Metallexport GmbH aus Mülheim an der Ruhr Kredite zu folgenden Bedingungen angeboten:

Kreditbetrag: 120.000 Euro

Laufzeit j in Jahren: 3 Jahre

Zinssatz i: 5 % p. a. nachschüssig

Die Tilgung erfolgt jeweils zum Periodenende.

Tilgungs- und Zinszahlungsvarianten:

1. Ratentilgung,

2. Annuitätentilgung,

3. Laufende Zinszahlung und Tilgung am Ende der Laufzeit.

a) Vervollständigen Sie die nachfolgenden Tabellen entsprechend der jeweiligen Tilgungs- und Zinszahlungsvariante:

Tab. 11: Auszufüllender Zins- und Tilgungsplan bei Ratentilgung

1. Ratentilgung	t_1	t_2	t_3
Kreditbestand (1.1.)			
Zinsen (31.12.)			
kumulierte Zinszahlungen			
Tilgung			
Kreditbestand (31.12.)			
Auszahlung (31.12.)			
kumulierte Auszahlungen			

Tab. 12: Auszufüllender Zins- und Tilgungsplan bei Annuitätentilgung

1. Ratentilgung	t_1	t_2	t_3
Kreditbestand (1.1.)			
Zinsen (31.12.)			
kumul. Zinszahlungen			
Tilgung			
Kreditbestand (31.12.)			
Auszahlung (31.12.)			
kumulierte Auszahlungen			

Tab. 13:   Auszufüllender Zins- und Tilgungsplan bei lfd. Zinszahlung und Tilgung am Ende

2. Annuitätentilgung	t_1	t_2	t_3
Kreditbestand (1.1.)			
Zinsen (31.12.)			
kumul. Zinszahlungen			
Tilgung			
Kreditbestand (31.12.)			
Auszahlung (31.12.)			
kumul. Auszahlungen			

b) Bewerten Sie die Tilgungs- und Zinszahlungsvarianten. Gehen Sie hierbei darauf ein, in welchen Situationen Unternehmen die verschiedenen Darlehensvarianten einsetzen sollten.

2. Lösung

Zu a):

Tab. 14: Ausgefüllter Zins- und Tilgungsplan bei Ratentilgung

1. Ratentilgung	t_1	t_2	t_3
Kreditbestand (1.1.)	120.000,00	80.000,00	40.000,00
Zinsen (31.12.)	6.000,00	4.000,00	2.000,00
kumul. Zinszahlungen	6.000,00	10.000,00	12.000,00
Tilgung	40.000,00	40.000,00	40.000,00
Kreditbestand (31.12.)	80.000,00	40.000,00	0,00
Auszahlung (31.12.)	46.000,00	44.000,00	42.000,00
kumulierte Auszahlungen	46.000,00	90.000,00	132.000,00

Bei der Ratentilgung erfolgt die Tilgung in gleich großen Raten. Bei einem Kreditbetrag von 120.000 Euro und einer dreijährigen Laufzeit werden in jeder Periode 40.000 Euro getilgt. Der Kreditbestand zum Ende einer Periode am 31.12. entspricht dem jeweiligen Anfangsbestand zum 1.1. des nächsten Jahres. Die Zinszahlung reduziert sich in jedem Jahr aufgrund der erfolgten Tilgung. Daher reduziert sich zum Ende jeder Periode die Auszahlung, die sich aus Zins und Tilgung zusammensetzt.

Tab. 15: Ausgefüllter Zins- und Tilgungsplan bei Annuitätentilgung

2. Annuitätentilgung	t_1	t_2	t_3
Kreditbestand (1.1.)	120.000,00	81.934,97	41.966,69
Zinsen (31.12.)	6.000,00	4.096,75	2.098,33
kumul. Zinszahlungen	6.000,00	10.096,75	12.195,08
Tilgung	38.065,03	39.968,28	41.966,69
Kreditbestand (31.12.)	81.934,97	41.966,69	0,00
Auszahlung (31.12.)	44.065,03	44.065,03	44.065,03
kumul. Auszahlungen	44.065,03	88.130,06	132.195,09

Zunächst ist es erforderlich, die Annuität zu berechnen:

Annuität = Annuitätenfaktor · Kreditbetrag

$$\text{Annuitätenfaktor} = \frac{i \cdot (1 + i)^j}{(1 + i)^j - 1}$$

$$\text{Annuitätenfaktor} = \frac{0,05 \cdot (1,05)^3}{(1,05)^3 - 1} = 0,3672086$$

Annuität = 0,3672086 · 120.000,00 Euro = 44.065,03 Euro

i Zinssatz in % p. a.
j Laufzeit in Jahren

Die Auszahlung am Ende jeder Periode entspricht der Annuität. Die Annuität setzt sich aus der Zinszahlung sowie der Tilgungsleistung zusammen. Die Differenz aus Annuität in Höhe von 44.065,03 Euro und der Zinszahlung für die erste Periode in Höhe von 6.000 Euro ist die Tilgung am Ende der ersten Periode in Höhe von 38.065,03 Euro. In den folgenden Perioden reduziert sich jeweils die Zinszahlung aufgrund erbrachter Tilgungszahlungen. Im Gegenzug erhöht sich die Tilgungszahlung, da die Annuität über die Laufzeit konstant bleibt.

Tab. 16:   Ausgefüllter Zins- und Tilgungsplan bei lfd. Zinszahlung und Tilgung am Ende

3. Lfd. Zinszahlung und Tilgung am Ende	t_1	t_2	t_3
Kreditbestand (1.1.)	120.000,00	120.000,00	120.000,00
Zinsen (31.12.)	6.000,00	6.000,00	6.000,00
kumul. Zinszahlungen	6.000,00	12.000,00	18.000,00
Tilgung	0,00	0,00	120.000,00
Kreditbestand (31.12.)	120.000,00	120.000,00	0,00
Auszahlung (31.12.)	6.000,00	6.000,00	126.000,00
kumul. Auszahlungen	6.000,00	12.000,00	138.000,00

Bei der Darlehensvariante mit laufender Zinszahlung und Tilgung am Ende der Laufzeit beträgt die Zinszahlung am Ende jeder Periode 6.000 Euro. Es werden keine Tilgungszahlungen vor dem Ende der Darlehenslaufzeit geleistet. Die Tilgung erfolgt in einer Summe am Ende der dritten Periode.

Zu b):

1. Ratentilgung

–   In diesem Fall ergibt sich für die Ratentilgung die geringste Gesamtbelastung aus geleisteten Zinsen und Tilgungen. Es ist aber nicht allgemeingültig, dass Darlehen mit einer Ratentilgung immer die geringste Gesamtbelastung aufweisen.
–   Die höchste Auszahlung ist am Ende des 1. Jahres fällig. Unternehmen, die nach der Realisation einer Investition in den ersten Jahren keine hohen Auszahlungen tätigen wollen, sollten eine andere Darlehensvariante wählen. Vielfach sind Unternehmen auch nicht in der Lage, einen hohen Tilgungsanteil zu leisten. Dieses trifft insbesondere auf Unternehmen zu, die neu gegründet wurden.
–   Es ergeben sich sinkende jährliche Belastungen durch die im Zeitablauf sinkenden Zinszahlungen.

2. Annuitätentilgung

–   Der Kreditbestand reduziert sich in dem Umfang der Annuität, der nicht für Zinszahlungen benötigt wird.
–   Durch die Vereinbarung einer Annuität ergibt sich eine jährlich identische Belastung. Dieses ermöglicht ein Höchstmaß an Kontinuität in der Finanzplanung.
–   Die Annuitätentilgung ist eine günstigere Variante im Vergleich zur Darlehensvariante mit Tilgung am Ende der Laufzeit in Bezug auf die Gesamtzahlungen, da bereits im ersten Jahr Tilgungen erfolgen.

3. Laufende Zinszahlung und Tilgung am Ende

–   Es liegt zunächst eine jährliche Belastung nur in Höhe der Zinsen vor. Die Tilgungszahlung wird am Ende der Laufzeit geleistet. Dieses ist insbesondere für Unternehmen geeignet, die nach einer getätigten Investition zunächst keine Tilgungszahlungen leisten wollen.
–   Ein Vorteil dieser Darlehensvariante ist die zunächst geringe und jährlich identische Belastung in Höhe der Zinszahlung. Unternehmen setzen diese Variante u. a. in den Fällen ein, wenn Finanzmittel in größerer Summe in Zukunft bereitstehen, die das Darlehen in einer Zahlung ablösen. Diese Finanzmittel stehen z. B. über eine Umschuldung oder durch den Verkaufserlös von Gegenständen des Anlagevermögens bereit. Des Weiteren ist diese Variante häufig bei neu gegründeten

Unternehmen beliebt, da die zur Tilgung des Kredites notwendigen finanziellen Mittel erst durch den aufzubauenden Umsatzprozess realisiert werden können.

– Ein Nachteil ist, dass es sich um eine in Bezug auf die Gesamtzahlungen teurere Variante handelt, da in den ersten Jahren keine Tilgungszahlungen erfolgen, die die Zinszahlungen reduzieren würden.

3. Hinweise zur Lösung

In dieser Aufgabe werden Darlehen, die im Kontext der langfristigen Fremdfinanzierung eingesetzt werden, betrachtet und analysiert. Aufbauend auf dem Verlauf des Kreditbestandes, der Zins- und Tilgungszahlungen werden die Einsatzmöglichkeiten dieser Darlehen für Unternehmen abgefragt. Aus Gründen der Übersichtlichkeit sowie der Zeitressourcen in einer Prüfung werden nur drei Perioden betrachtet. Zur Abbildung einer Langfristigkeit sind üblicherweise mindestens fünf Perioden erforderlich.

Die Voraussetzung für eine erfolgreiche Bearbeitung ist das korrekte Ausfüllen des Zahlungstableaus. Dazu ist es notwendig, den unterschiedlichen Verlauf der betrachteten Darlehen unterscheiden zu können. Zu beachten ist, dass bei jeder Darlehensvariante der Endbestand der Darlehen in der letzten Periode auf null sinkt. Der Bestand des Darlehens zum Ende einer Periode zum 31.12. entspricht dem Anfangsbestand am 1.1. der folgenden Periode. Eine besondere Herausforderung besteht bei dem Annuitätendarlehen. Hier ist es zum Ausfüllen des Zahlungstableaus notwendig, zuvor die Annuität zu berechnen. Die Annuität stellt bei dieser Variante die Auszahlung in jeder Periode dar.

4. Literaturempfehlung

Perridon, Louis; Manfred Steiner und Andreas Rathgeber (2012): Finanzwirtschaft der Unternehmung, 16. Auflage, München 2012, S. 447–449.

Aufgabe 4:   Langfristige Fremdfinanzierung – Anleihen

Reproduktion, Wiedergabe von Wissen	8

1. Aufgabenstellung

a) Charakterisieren Sie Anleihen als eine Form der langfristigen Fremdfinanzierung, indem Sie sie von Darlehen abgrenzen. Nutzen Sie dazu, aus der Sicht eines die jeweilige Form der Fremdfinanzierung nachfragenden Unternehmens, grundsätzlich die folgenden Merkmale:

–   die Anzahl der Kapitalgeber,

–   das nachgefragte Kapitalvolumen,

- die Gestaltbarkeit der Konditionen,
- der Inhalt der zwischen Kapitalgeber und Unternehmen bestehenden Asymmetrie,
- die seitens des Unternehmens bereitzustellenden Sicherheiten,
- der generelle Aufwand sowie
- die beim Unternehmen verbleibenden Risiken.

b) Welche Bestandteile weisen die Konditionen einer Anleihe auf?

2. Lösung

Zu a):

Tab. 17:   Merkmale von Darlehen und Anleihen

Merkmale	Darlehen	Anleihe
Anzahl der Kapitalgeber	Ein Kapitalgeber, z. B. die Hausbank.	Viele (z. T. unbekannte) Kapitalgeber, maximal entsprechend der Stückelung der Anleihe.
Nachgefragtes Kapitalvolumen	Eher geringer.	Eher größer.
Gestaltbarkeit der Konditionen	Sehr eingeschränkt, Konditionen werden i. d. R. durch den Kreditgeber vorgegeben, Änderungen ggf. nachverhandelbar.	Vom Unternehmen frei gestaltbar.
Dominierende Asymmetrie	Machtasymmetrie (Kapitalgeber).	Informationsasymmetrie (Unternehmen).
Kreditsicherheiten	Nach Vorgaben der Kapitalgeber.	Nach Vorgaben des Kapitalmarktes.
Gesamteinschätzung des Aufwandes	Eher gering, da Finanzierungspartner und dessen Erwartungen i. d. R. bekannt sind.	Eher hoch, weil „Prospektpflicht" zu erfüllen ist und Aufwendungen für Börseneinführungsmarketing, kontinuierliche Marktpflege sowie Effektendienst zu tätigen sind.
Risiken	Wenn es zur Gewährung eines Darlehens kommt, verbleiben Zinsänderungs- und Kündigungsrisiken.	Risiko der falschen Konditionsgestaltung und damit Risiko der anteiligen oder vollständigen Nichtzeichnung.

Zu b): Zu den Konditionen einer Anleihe zählen die Angaben: der Laufzeit, der Nominalverzinsung, des Nennwertes, zum Ausgabe- und Rückzahlkurs, zu den Zinsterminen sowie zur Stückelung der Anleihe.

Ergänzt werden diese Informationen um die Angaben der Wertpapier-Kenn-Nummer und des Handelsplatzes der Anleihe. Die folgende Abbildung zeigt ein aktuelles Beispiel einer solchen Unternehmensanleihe:

Inhaber-Teilschuldverschreibung

Halloren Vermögen AG

ISIN: DE000A11QF8 5

20.12.2014 – 19.12.2019

Eckdaten:

Emittentin:	Halloren Vermögen AG, Halle
Laufzeit	5 Jahre vom 20.12.2014 bis 19.12.2019
Gesamtnennbetrag	bis zu 12.000.000 EUR
Emissionstermin	20.12.2014
Verzinsung	4,5 % p.a.
Zinszahlung	Die Zinszahlung erfolgt unter Berücksichtigung von Abgeltungsteuer, Solidaritätszuschlag und ggf. Kirchensteuer nachträglich am 20.12. eines jeden Jahres direkt über die Emittentin, erstmals am 20.12.2015.
Ausgabepreis	100 %
Stückelung	1.000 EUR
Fälligkeit	20.12.2019
Rückzahlung	am 20.12.2019 zum Nennbetrag (zu 100 %)
Zahlstelle	Joh. Berenberg, Gossler & Co. KG
Kontakt:	Halloren Vermögen AG Delitzscher Straße 70 • 06112 Halle Telefon: 0345 5642-202 Telefax: 0345 5642-282 E-Mail: hvag@halloren.de

Abb. 6: Mitteilung der Ausgabe einer Unternehmensanleihe der Halloren Vermögen AG[5]

---

[5] Vgl. die Internetseite des Unternehmens: www.halloren.de.

3. Hinweise zur Lösung

Die Anleihen, oftmals synonym auch als Obligation oder Schuldverschreibung bezeichnet, zählen zu den Möglichkeiten der langfristigen Fremdfinanzierung eines Unternehmens. Somit weisen sie die für eine Fremdfinanzierung typischen Merkmale auf. Dennoch treten bei dieser Form der Bereitstellung von Fremdkapital Unterschiede im Vergleich zur Gewährung eines Darlehens auf. Ein kapitalnachfragendes Unternehmen sollte sich dieser Unterschiede bewusst sein, resultieren doch aus deren Berücksichtigung bei der Kapitalnachfrage Chancen und Risiken für eine erfolgreiche Ausstattung des Unternehmens mit „frischem" Fremdkapital.

Bezogen auf die Kreditsicherheiten bei Anleihen sind grundsätzlich Pfandbriefe mit Grund und Boden, Schiffspfandbriefe durch Hypotheken auf Schiffe und Unternehmensanleihen durch Unternehmensvermögen (Maschinen, Anlagen und Immobilien) gesichert.

4. Literaturempfehlung

Spremann, Klaus und Pascal Gantenbein (2007): Zinsen, Anleihen, Kredite. 4. Auflage, München 2007, S. 81–86.

Stiefl, Jürgen (2008): Finanzmanagement. Unter besonderer Berücksichtigung von kleinen und mittleren Unternehmen, 2. Auflage, München 2008, S. 74–88.

Aufgabe 5: Langfristige Fremdfinanzierung – Schuldschein-Darlehen

Reproduktion, Wiedergabe von Wissen	10

1. Aufgabenstellung

Die Finanzierung eines Unternehmens über ein Schuldschein-Darlehen ist eine Erscheinungsform der langfristigen Fremdfinanzierung. Kapitalgeber sind in solchen Fällen sogenannte Kapitalsammelstellen. Zu den Kapitalsammelstellen zählen neben den Sozialversicherungsträgern u. a. auch Lebens- oder Unfallversicherungsgesellschaften. Kapitalsammelstellen lassen sich durch die folgenden drei Merkmale charakterisieren: 1) hohes Kapitalreservoire, 2) langfristige Verfügbarkeit des Kapitals und 3) Selbstverpflichtung zur Zinserwirtschaftung. Damit sind sie für Unternehmen die idealen Bereitsteller von langfristigem Fremdkapital.

Verdeutlichen Sie am Beispiel einer Lebensversicherungsgesellschaft, gerne auch ergänzt durch eine Abbildung, woran sich zeigt, dass diese Merkmale tatsächlich als erfüllt angesehen werden können.

2. Lösung

Bei einer Lebensversicherungsgesellschaft wird deswegen von einer langfristigen Verfügbarkeit des Kapitals gesprochen, weil ein Lebensversicherungsvertrag von einem Versicherungsnehmer zum Teil bis zu 30 oder 40 Jahre angespart wird, bevor es zur Auszahlung kommt. Insofern eine Lebensversicherungsgesellschaft nicht nur mit einem, sondern hunderttausenden Versicherungsnehmern Lebensversicherungsverträge abgeschlossen hat, die monatlich ihre Versicherungsbeiträge einzahlen, kann von einem großen Kapitalreservoir und einer langfristigen Verfügbarkeit des Kapitals gesprochen werden.

Diese beiden Merkmale sind zugleich als Hinweise dafür anzusehen, warum eine Lebensversicherungsgesellschaft als Kapitalgeber im Rahmen eines Schuldschein-Darlehens in Erscheinung treten kann. Ergänzt wird die somit erkennbare Möglichkeit der Kapitalüberlassung durch das dritte Merkmal: die Selbstverpflichtung zur Zinserwirtschaftung. Dieses Merkmal ist ein Argument, warum eine solche Versicherungsgesellschaft die eingezahlten Versicherungsbeiträge bspw. als Schuldschein-Darlehen zinsbringend gegenüber anderen Unternehmen nicht nur verwenden kann, sondern sollte.

Wenn eine Lebensversicherung einem Versicherungsnehmer bei Vertragsabschluss garantiert, zum Fälligkeitszeitpunkt mehr als nur die Summe aller eingezahlten Beiträge (Stichwort: Überschussbeteiligung) zurückzuerstatten, dann ist die Versicherungsgesellschaft damit eine Selbstverpflichtung zur Zinserwirtschaftung eingegangen. Diese Zinsen sollten somit über die Laufzeit hinweg verdient werden. Eine Möglichkeit dafür sind – wie bereits festgestellt – die an Unternehmen gewährten Schuldschein-Darlehen. Sie haben eine lange Laufzeit, binden ein großes Kapitalvolumen und führen neben der Tilgung zu einem Zinsertrag.

Idealtypisch sei dieser Zusammenhang in der folgenden Abbildung dargestellt. Die Zahlen vor der jeweiligen Interaktion zwischen dem Versicherungsnehmer und der Versicherungsgesellschaft bzw. der Versicherungsgesellschaft und dem Unternehmen verdeutlichen die optimale Reihenfolge der sich dahinter verbergenden Zahlungsvorgänge.

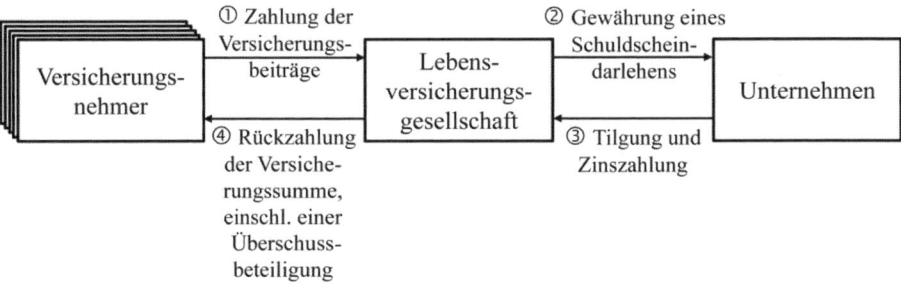

Abb. 7:   Kapitalbewegungen einer Versicherungsgesellschaft

3. Hinweise zur Lösung

Bei der Entscheidung über die richtige Finanzierungsform ist es nicht verkehrt, sich auch einmal gedanklich mit den Möglichkeiten und Grenzen einer Kapitalbereitstellung potenzieller Kapitalgeber zu beschäftigen. Ein Beispiel dafür sei das Schuldschein-Darlehen einer Versicherungsgesellschaft als potenzieller Kapitalbereitsteller. Hieran lässt sich auch mit Blick auf das Finanzierungsziel Sicherheit verdeutlichen, dass das Wissen darum nicht zuletzt dazu beiträgt, finanzwirtschaftliche Risiken einer Fremdfinanzierung zu minimieren. Verfügt ein Kapitalgeber langfristig über das Kapital, kann auch gemäß dem anzustrebenden Grundsatz der Fristenkongruenz eine Vereinbarung über eine langfristige Überlassung des Kapitals getroffen werden. Vgl. hierzu auch die Aufgabe zu den Finanzierungszielen.

Ein ähnliches Herangehen erfolgt mit der unternehmensinternen Nutzung von Finanzkennzahlen, wenn unterstellt werden kann, dass Versicherungen vor einer möglichen Kreditvergabe an Unternehmen in Deutschland, die Erfüllung bestimmter Finanzkennzahlen nachprüfen und dieses ggfs. auch bspw. gegenüber der Bundesanstalt für Finanzdienstleistungsaufsicht (BaFin) im Sinne einer Rechenschaftslegung dokumentieren.

3.3.3   Innenfinanzierung

Aufgabe 1:   Bestimmung des Innenfinanzierungspotenzials

Wiedergabe und Anwenden des gelernten Wissens	10

1. Aufgabenstellung

In der Kreditanalyse der heimischen Volksbank soll das Potenzial der Innenfinanzierung für die Elektrotechnik GmbH bestimmt werden. Dazu betrachten die Mitarbeiter die aggregierte Gewinn- und Verlustrechnung (GuV) des Unternehmens:

GuV-Rechnung der Elektrotechnik GmbH (in Euro)	
Umsatzerlöse	1.500.000
+ Erhöhung des Bestandes an unfertigen Erzeugnissen	+ 50.000
+ sonstige betriebliche Erträge	+ 200.000
– Materialaufwand	– 400.000
– Personalaufwand	– 500.000
– Abschreibungen	– 300.000
– sonstiger betrieblicher Aufwand	– 150.000
Gewinn	+ 400.000

In den Personalaufwendungen sind Zuführungen zu den langfristigen Pensionsrückstellungen in Höhe von 100.000 Euro enthalten.

a) Berechnen Sie den Cashflow, um das Potenzial der Innenfinanzierung zu be-
    stimmen.
b) Die Umsatzerlöse sind ein wichtiger Bestandteil des Cashflows des Unterneh-
    mens. Durch die Erzielung von Umsatzerlösen fließen dem Unternehmen finan-
    zielle Mittel von außen zu. Warum wird diese Form der Finanzierung dennoch
    als Innenfinanzierung bezeichnet?
c) Welche Finanzierungsmöglichkeiten zählen zur Innenfinanzierung?
d) Die Volksbank hat durch Gespräche mit der Geschäftsführung erfahren, dass
    die Elektrotechnik GmbH in den letzten beiden Perioden stille Reserven in Hö-
    he von 200.000 Euro aufgebaut hat. Erläutern Sie, wie ein Unternehmen stille
    Reserven bilden kann und wie sich hierdurch die Möglichkeit der Finanzierung
    ergibt.

2. Lösung

Zu a):

Cashflow der Elektrotechnik GmbH (in Euro)	
Gewinn	+ 400.000
– Erhöhung des Bestandes an unfertigen Erzeugnissen	– 50.000
+ Abschreibungen	+ 300.000
+ Erhöhung der Rückstellungen	+ 100.000
Cashflow	+ 750.000

Der Cashflow der Elektronik GmbH beträgt 750.000 Euro. Er gibt das Ausmaß der
Finanzkraft der Gesellschaft an.

Zu b): Bei der Innenfinanzierung sind dem Unternehmen finanzielle Mittel von
außen über die Absatzmärkte zugeflossen. Die finanziellen Mittel, die das Innenfinanzierungspotenzial des Unternehmens ausmachen, werden jedoch vom Unternehmen selbst im Umsatzprozess „von innen heraus" bereitgestellt durch betriebliche
Desinvestitionen. Dabei werden die ursprünglich investierten Mittel durch die Ver-
äußerung der betrieblichen Leistungen oder von Gegenständen des Anlagevermögens zurückgewonnen.

Zu c): Zur Innenfinanzierung zählen die folgenden Finanzierungsformen:

Abb. 8:   Systematik der Innenfinanzierung[6]

Zu d): Stille Reserven entstehen durch die Unterbewertung der Aktiva oder Überbewertung der Passiva. Die Unterbewertung von Aktivposten kann u. a. durch die Überdotierung von Abschreibungen erfolgen (z. B. Sonderabschreibungen). Eine Überbewertung von Passivposten erfolgt u. a. durch eine Überdotierung von Rückstellungen.

Die hier aufgezeigte Finanzierungsmöglichkeit ist die stille Selbstfinanzierung. Hierbei erfolgt die Einbehaltung noch nicht offen ausgewiesener Gewinne. Als Folge ergibt sich ein Gewinnausweis, der im Vergleich zu der Situation ohne die Bildung stiller Reserven niedriger ausfällt. Dadurch wird ein Geldabfluss in Form der Gewinnausschüttung an die Anteilseigner oder durch Steuerzahlung vermieden. Das Unternehmen kann diesen Finanzierungseffekt durch den Aufbau von stillen Reserven in der Zeit ab Bildung der stillen Reserven bis zur Auflösung nutzen.

3. Hinweise zur Lösung

Mit dieser Aufgabe sollen die Studierenden ihr bisheriges Wissen über die Innenfinanzierung vertiefen.

Die Studierenden sollen das Innenfinanzierungspotenzial eines Unternehmens durch die Berechnung des Cashflows bestimmen können. Bei der Innenfinanzierung ist zu

---

[6] Vgl. Däumler/Grabe (2013), S. 319.

unterscheiden, dass der Zufluss der Umsatzerlöse aufgrund der Außenbeziehung des Unternehmens zu den Absatzmärkten erfolgt. Die finanziellen Mittel werden dem Unternehmen nicht von außerhalb durch Gläubiger oder Gesellschafter zugeführt, sondern durch die Umwandlung von im Betrieb gebundenem Sachvermögen in frei verfügbare finanzielle Mittel transformiert.

Den Umsatzerlösen können Aufwandsäquivalente, z. B. Rückstellungen oder Abschreibungen, und eine Gewinnkomponente zugerechnet werden. Die Gewinnkomponente der Umsatzerlöse wird zur Selbstfinanzierung eingesetzt.

Bei der Selbstfinanzierung lässt sich die offene Selbstfinanzierung, die Gewinnthesaurierung, von der stillen Selbstfinanzierung unterscheiden.

4. Literaturempfehlung

Däumler, Klaus-Dieter und Jürgen Grabe (2013): Betriebliche Finanzwirtschaft, 10. Auflage, Herne 2013, S. 318–319 und S. 334–335.

Perridon, Louis; Manfred Steiner und Andreas Rathgeber (2012): Finanzwirtschaft der Unternehmung, 16. Auflage, München 2012, S. 502–517.

Wöhe, Günter und Ulrich Döring (2013): Einführung in die Allgemeine Betriebswirtschaftslehre, 25. Auflage, München 2013, S. 592–603.

Aufgabe 2:   Finanzierung aus Abschreibungsgegenwerten

Reproduktion, Wiedergabe von Wissen   **10**

1. Aufgabenstellung

Ein Unternehmen verfügt über fünf – leistungsgleiche – Maschinen, die zum gleichen Zeitpunkt angeschafft und in Betrieb genommen wurden. Der Anschaffungswert jeder Maschine beträgt 10.000 Euro. Ein Restwert fällt nicht an. Buchhalterisch sind diese Maschinen gemäß der AfA-Tabellen linear über fünf Jahre abzuschreiben.

1) Zeigen Sie an diesem Beispiel die Möglichkeiten einer Finanzierung der Ersatz- und Erweiterungsinvestitionen aus den verdienten Abschreibungsgegenwerten nach dem sogenannten Marx-Engels-Effekt aus dem Jahre 1867[7]. Gehen Sie dabei auf den Kapitalfreisetzungs- und den Kapazitätserweiterungseffekt ein. Ermitteln Sie

---

[7] In der Literatur wird dieser Effekt heute zumeist als „Lohmann-Ruchti-Effekt" bezeichnet. Dies rührt nicht zuletzt daher, weil die Erkenntnisse aus dem Briefwechsel von Marx und Engels in Vergessenheit gerieten und Lohmann sowie Ruchti diesen Effekt der Abschreibungen 1949 bzw. 1953 erneut beschrieben.

dazu die Anzahl an Maschinen, die durch den ständigen Wiedereinsatz der erwirtschafteten Abschreibungsgegenwerte nach zehn Jahren im Bestand sind.

2) Gibt es aus Ihrer Sicht Kritik an diesen Überlegungen anzubringen? Wenn ja, worin besteht die Kritik?

2. Lösung

Zu 1): Zunächst ist das jährliche Aufkommen an Abschreibungsgegenwerten, also der Umfang der Kapitalfreisetzung, zu ermitteln. Die jährliche Abschreibung einer Maschine ergibt sich aus der folgenden Formel:

$$\text{Abschreibung} = \frac{\text{Anschaffungswert} - \text{Restwert}}{\text{Nutzungsdauer}} = \frac{10.000\ \text{Euro} - 0\ \text{Euro}}{5\ \text{Jahre}} = 2.000\ \text{Euro/Jahr}.$$

Um den sich an den Effekt der Kapitalfreisetzung anschließenden Kapazitätserweiterungseffekt und seine Ausmaße zu zeigen, bietet sich die Darstellung der über den Zeitablauf zu beobachtenden Effekte in Form einer Tabelle, vgl. Tab. 18, an.

Tab. 18:　Marx-Engels-Effekt

Jahr	Anzahl der Maschinen am Jahresanfang	Umfang der Kapitalfreisetzung in Euro	Kapazitätserweiterung		Abgang an Maschinen am Jahresende in Stück	Nicht investierte Mittelreste in Euro
			unmittelbare Reinvestition in Euro	Zugang an Maschinen in Stück		
1	5	10.000	10.000	1	0	0
2	6	12.000	10.000	1	0	2.000
3	7	14.000	10.000	1	0	6.000
4	8	16.000	20.000	2	0	2.000
5	10	20.000	20.000	2	5	2.000
6	7	14.000	10.000	1	1	6.000
7	7	14.000	20.000	2	1	0
8	8	16.000	10.000	1	1	6.000
9	8	16.000	20.000	2	2	2.000
10	8	16.000	10.000	1	2	8.000
…	…	…	…	…	…	…

Beschreibung: Unter der Voraussetzung einer kontinuierlichen Kapitalfreisetzung und einem jährlichen Einsatz dieser Mittel zum Zwecke der Kapazitätserweiterung steigt der Bestand an Maschinen nach fünf Jahren auf das Doppelte an. Nach acht Jahren hat das Unternehmen den Ausgangsbestand an Maschinen kontinuierlich auf acht Maschinen ausgebaut. Dies entspricht einer Kapazitätserweiterung um den Faktor 1,6. Der Faktor in dieser Höhe gilt nur für die Konstellation, dass keine Restwerte realisiert werden und die Nutzungsdauer fünf Jahre beträgt.[8]

Zu 2): An diesem theoretischen Modell lässt sich unter verschiedenen Gesichtspunkten Kritik üben. Beispielhaft sei nur auf die folgenden Punkte hingewiesen:

–   Die verrechneten Abschreibungen sind über die Umsatzerlöse tatsächlich zu verdienen, d. h., die entsprechenden Abschreibungsgegenwerte existieren. Dazu haben Umsätze also alle Kosten abzudecken. In diesem Zusammenhang fließen die Abschreibungsgegenwerte dem Unternehmen in liquider Form (nicht in Form von Forderungen) zu, also Umsätze = Einzahlungen.

–   Es wird unterstellt, dass das Unternehmen mit einer vollen Ausgangskapazität startet und nicht etwa – wie in der Praxis üblich – einen kontinuierlichen Kapazitätsaufbau betreibt. Zudem wird davon ausgegangen, dass die technische Gleichartigkeit dieser Maschinen über den betrachteten Zeitraum hinweg gegeben ist und die Nutzungsdauer der Abschreibungsdauer gleichgesetzt werden kann.

–   Als idealtypisch es anzusehen, dass alle Zahlungen nachschüssig erfolgen und Zinsen vernachlässigt werden können.

–   Ob die – wie sich aus dem Modell ableiten lässt – kapazitive Anpassung der vor- und nachgelagerten Produktionsstufen, des Umlaufvermögens und insbesondere des Personals gelingt, ist fraglich, verdoppelt sich doch die Kapazität innerhalb von fünf Jahren, um dann in den folgenden drei Jahren auf das 1,6fache abzusinken.

–   Ebenso wird unterstellt, dass die Preise am Beschaffungsmarkt, trotz Verdopplung des Bedarfs konstant bleibt. Mit Blick auf den Absatzmarkt wird davon ausgegangen, dass dieser die notwendige Aufnahmebereitschaft habe und preisunsensibel reagiert.

3. Hinweise zur Lösung

Die Studierenden sollen mit dieser Aufgabe zwei Aspekte lernen: 1) das Beherrschen einer Theorie und 2) den kritischen Umgang mit derartigen theoretischen Überlegungen. Das Beherrschen der Theorie lässt sich beispielsweise in der Ent-

---

[8] Vgl. Matschke (1991), S. 147–148.

wicklung einer solchen Tabelle (siehe Lösung) nachweisen. Zum Üben einer Kritik sollte eine Verortung dieses Modells in der betrieblichen Praxis vorgenommen werden. Dazu ist es notwendig, einerseits die Annahmen des Modells zu kennen und diese andererseits vor dem bestehenden System der Wechselbeziehungen zwischen den Stufen des leistungswirtschaftlichen Prozesses reflektieren zu können. Im Wesentlichen wird es sich nämlich auf eine Kritik der Prämissen reduzieren, wenn die Anwendung der Theorie richtig erfolgte.

Letztendlich soll verinnerlicht werden, dass die vorausgesetzten Rahmenbedingungen diesen Effekt nur zu einem Theoriegebilde machen. Die enthaltene Aussage der Möglichkeit einer Kapazitätserweiterung durch Verwendung der Kapitalfreisetzung trifft jedoch zu. Beides soll dazu beitragen, dass die Studierenden ihr Spektrum an Fach- und Methodenkompetenzen erweitern, die für die Lösung der Probleme in der Praxis bereitgehalten werden können.

4. Literaturempfehlung

Matschke, Manfred Jürgen (1991): Finanzierung der Unternehmung, Herne 1991, S. 145–154.

Stiefl, Jürgen (2008): Finanzmanagement. Unter besonderer Berücksichtigung von kleinen und mittleren Unternehmen, 2. Auflage, München 2008, S. 109–112.

Aufgabe 3:   Finanzierung aus Rückstellungsgegenwerten

Reproduktion, Wiedergabe des Gelernten	8

1. Aufgabenstellung

Die Finanz AG gewährt verdienten Mitarbeitern eine betriebliche Pension. Dazu werden Pensionsrückstellungen gebildet. Im betrachteten Geschäftsjahr verfügt die Finanz AG über einen Cashflow in Höhe von 1,2 Mio. Euro sowie über einen Jahresüberschuss in Höhe von 1 Mio. Euro.

Es ist geplant, eine Pensionsrückstellung in Höhe von 100.000 Euro zu bilden.

a)   Erläutern Sie, ob es sich bei der Bildung einer Pensionsrückstellung um eine Auszahlung, Ausgabe und/oder Aufwand handelt.

b)   Wie verändern sich der Cashflow und der Jahresüberschuss der Finanz AG durch die Bildung der Pensionsrückstellung?

c)   Erläutern Sie kurz, weshalb die Bildung einer Pensionsrückstellung einen Finanzierungseffekt beinhaltet.

2. Lösung

Zu a): Die Bildung einer Rückstellung führt nicht zu einer Auszahlung, da es nicht zu einem Abfluss liquider Mittel kommt. Es liegt eine Ausgabe vor, da sich das Geldvermögen verringert. Es erfolgt ein Schuldenzugang durch die Bildung der Pensionsrückstellung bei der Finanz AG. Die Bildung einer Pensionsrückstellung erfolgt durch Aufwand, der eine periodisierte und erfolgswirksame Ausgabe darstellt.

Zu b): Der Cashflow lässt sich neben den Darstellungen in der Aufgabe zum Innenfinanzierungspotenzial oder der Aufgabe zu den stromgrößenorientierten Finanzkennzahlen auch auf folgendem Wege ermitteln:[9]

> Betriebseinnahmen (zahlungswirksame Erträge)
> – Betriebsausgaben (zahlungswirksame Aufwendungen)
> = Cashflow

Die Bildung einer Pensionsrückstellung ist kein zahlungswirksamer Vorgang. Der Cashflow in Höhe von 1,2 Mio. Euro bleibt demnach unverändert. Die Bildung einer Pensionsrückstellung stellt Aufwand dar. Der Jahresüberschuss reduziert sich demnach von 1 Mio. Euro um 100.000 Euro auf 900.000 Euro.

Zu c): Die Bildung einer Pensionsrückstellung beinhaltet dann einen Finanzierungseffekt, falls dem Aufwand Umsatzerlöse gegenüberstehen. In diesem Fall werden finanzielle Mittel im Unternehmen gebunden, da die Bildung der Pensionsrückstellung keine Auszahlung aber Aufwand darstellt. Im Falle eines positiven Jahresüberschusses reduziert dieser Aufwand die Steuerlast sowie den Umfang der Gewinnausschüttung. Die finanziellen Mittel bleiben im Unternehmen erhalten. Der Finanzierungseffekt besteht für die Unternehmen in der Zeit zwischen Bildung und Auflösung der Pensionsrückstellung.

3. Hinweise zur Lösung

Zur Lösung dieser Aufgabe wird auf die Aufgabe zu den „Grundbegriffen des Rechnungswesens" verwiesen, in der u. a. die Begriffe „Auszahlung" und „Ausgabe" sowie „Aufwand" definiert und voneinander abgegrenzt werden. Diese Ausführungen lassen sich auch auf andere Arten von Rückstellungen beziehen.

Zur Bestimmung des Finanzierungseffektes durch die Bildung einer Pensionsrückstellung wird auf diese Grundbegriffe des Rechnungswesens zurückgegriffen. Entschei-

---

[9] Vgl. Perridon/Steiner/Rathgeber (2012), S. 613.

dend ist es, zu erkennen, dass die Bildung einer Pensionsrückstellung nicht zahlungs-wirksamer Aufwand darstellt. Damit fließen liquide Mittel nicht ab. Es können statt-dessen liquide Mittel im Unternehmen gebunden werden. Die Voraussetzung dafür ist, dass z. B. über den Verkauf von Produkten zuvor liquide Mittel zugeflossen sind. Im Falle eines positiven Jahresüberschusses führt der Aufwand zur Bildung einer Pensi-onsrückstellung dazu, dass der Jahresüberschuss reduziert wird. Damit sinken die Ertragssteuerlast sowie das Ausschüttungspotenzial an die Unternehmenseigner (Ge-winnverwendung).

Bezüglich einer möglichen Ausgabe liegt eine Außenverpflichtung gegenüber Drit-ten vor. Insofern ist nach Ansicht der Autoren auch der Tatbestand einer (ungewis-sen) Verbindlichkeit gegeben. In der Aufgabe 1 zum Kapitel 2 wird der Aufwand als periodisierte, erfolgswirksame Ausgabe definiert. Daraus leitet sich die Schlussfol-gerung ab, die Pensionsrückstellungsbildung als Ausgabe zu charakterisieren.

Die Unterscheidung zwischen Schulden und Verbindlichkeiten bei der Definition des Geldvermögens wird selbst in renommierten Werken[10] nicht immer präzise und einheitlich vorgenommen sowie verwaschen. Dies gilt insbesondere, wenn die Ver-fasser das Geldvermögen als Zahlungsmittelbestand, Forderungen und Verbindlich-keiten definieren, bei dessen Veränderung aber ohne erkennbaren Grund die Erhö-hung oder Verminderung von Schulden als Einflussfaktor nennen.

4. Literaturempfehlung

Perridon, Louis; Manfred Steiner und Andreas Rathgeber (2012): Finanzwirtschaft
    der Unternehmung, 16. Auflage, München 2012, S. 613–615.

Aufgabe 4:   Komponenten des Cashflows

Reproduktion, Wiedergabe des Gelernten   **15**

1. Aufgabenstellung

Die Maschinenbau AG hat folgende vereinfachte Gewinn- und Verlustrechnung für das Geschäftsjahr 2015 vorgelegt:

---

[10] Vgl. z. B. Wöhe/Döring (2013), S. 645.

Tab. 19: Vereinfachte GuV der Maschinenbau AG

Vereinfachte Gewinn- und Verlustrechnung der Maschinenbau AG am 31.12.2015 (in Mio. Euro)	
Umsatzerlöse	1.200,00
+ Erhöhung des Bestandes an unfertigen Erzeugnissen	50,00
– Aufwendungen für Roh-, Hilfs- und Betriebsstoffe	900,00
– Lohn- und Gehaltszahlungen	80,00
– Zuführung zu den langfristigen Pensionsrückstellungen	100,00
– Abschreibung auf Sachanlagen	110,00
+ Erhaltene Dividendenzahlungen	40,00
+ Erhaltene Zinserträge	20,00
– Zinsaufwand für in Anspruch genommene Darlehen	20,00
– Steuern vom Einkommen und Ertrag	30,00
= Jahresüberschuss	**70,00**

Darüber hinaus sind weitere Informationen des Geschäftsjahres zu berücksichtigen:

- Der Bestand liquider Mittel am 01.01.2015 beläuft sich auf 90 Mio. Euro.
- Am 01.06. wurde eine Maschine zu Anschaffungskosten von 50 Mio. Euro beschafft.
- Am 01.07. wurden Dividenden in Höhe von 20 Mio. Euro ausgeschüttet.
- Im Laufe des Geschäftsjahres wurden langfristige Kredite im Wert von 100 Mio. Euro aufgenommen.

a) Für ein Finanzierungsgespräch soll der Cashflow aus der Finanzierungstätigkeit errechnet werden. Grenzen Sie diesen vom operativen Cashflow sowie vom Cashflow aus der Investitionstätigkeit ab. Erläutern Sie hierbei, was unter dem sogenannten Free Cashflow zu verstehen ist.

b) Berechnen Sie für die Maschinenbau AG

- den operativen Cashflow,
- den Cashflow aus der Investitionstätigkeit sowie
- den Cashflow aus der Finanzierungstätigkeit.

Ermitteln Sie den Bestand an liquiden Mitteln am Ende des Geschäftsjahres zum 31.12.2015.

2. Lösung

Zu a): Die Berechnung des einzelnen Cashflows ergibt sich durch:

Tab. 20: Vereinfachte Kapitalflussrechnung nach dem DRS 21[11]

Jahresüberschuss/-fehlbetrag +/– Abschreibungen/Zuschreibungen auf Gegenstände des Anlagevermögens +/– Zunahme der Rückstellungen –/+ Gewinn/Verlust aus dem Abgang von Gegenständen des Anlagevermögens –/+ Zunahme/Abnahme der Vorräte, der Forderungen aus Lieferungen und Leistungen sowie von Aktivpositionen, die nicht der Investitions- oder Finanzierungstätigkeit zuzuordnen sind –/+ Zunahme/Abnahme der Verbindlichkeiten aus Lieferungen und Leistungen sowie von Passivpositionen, die nicht der Investitions- oder Finanzierungstätigkeit zuzuordnen sind –/+ Zinserträge/Zinsaufwendungen – Sonstige Beteiligungserträge **= Cashflow aus laufender Geschäftstätigkeit (operativer Cashflow)**
+ Einzahlungen aus Abgängen von Gegenständen des Sachanlage-, des immateriellen Anlage- sowie des Finanzanlagevermögens – Auszahlungen aus Investitionen in das Sachanlage-, das immateriellen Anlage- sowie das Finanzanlagevermögen + Erhaltene Zinsen + Erhaltene Dividenden **= Cashflow aus der Investitionstätigkeit**
+ Einzahlungen aus der Zuführung von Eigenkapital (z. B. durch eine Kapitalerhöhung) – Auszahlung an Anteilseigner (z. B. durch Dividendenausschüttungen) – Gezahlte Zinsen + Einzahlungen aus der Zuführung von Fremdkapital (z. B. durch die Kreditaufnahme oder die Emission von Anleihen) – Auszahlung aus der Rückführung von Fremdkapital (z. B. durch Tilgungen) **= Cashflow aus der Finanzierungstätigkeit**
Cashflow aus laufender Tätigkeit (operativer Cashflow) + Cashflow aus der Investitionstätigkeit + Cashflow aus der Finanzierungstätigkeit **= Cashflow des Geschäftsjahres**
+ Finanzmittelbestand am Anfang des Geschäftsjahres **= Finanzmittelbestand am Ende des Geschäftsjahres**

Der Free Cashflow ist die Summe aus dem Cashflow aus laufender Geschäftstätigkeit und dem Cashflow aus Investitionstätigkeit.

---

[11] Vgl. Deutscher Rechnungslegungs-Standard Nr. 21 (DRS 21).

Zu b):

Die Berechnung der einzelnen Cashflows, ergänzt um die Dimensionen Mio. Euro, für die Maschinenbau AG ergibt sich durch:

Jahresüberschuss/-fehlbetrag	70,00
+/– Abschreibungen/Zuschreibungen auf Gegenstände des Anlagevermögens	
+/– Zunahme der Rückstellungen	+ 110,00
+ Zinserträge	+ 100,00
– Zinsaufwendungen	– 20,00
– Sonstige Beteiligungserträge	+ 20,00
= Cashflow aus laufender Geschäftstätigkeit	– 40,00
	= 240,00
– Auszahlungen aus Investitionen in das Sachanlage-, das immateriellen Anlage- sowie das Finanzanlagevermögen	– 50,00
+ Erhaltene Zinsen	+ 20,00
+ Erhaltene Dividenden	+ 40,00
= Cashflow aus der Investitionstätigkeit	= 10,00
– Auszahlung an Anteilseigner (z. B. durch Dividendenausschüttungen)	
– Gezahlte Zinsen	– 20,00
+ Einzahlungen aus der Zuführung von Fremdkapital (z. B. durch die Kreditaufnahme oder die Emission von Anleihen)	– 20,00
	+ 100,00
= Cashflow aus der Finanzierungstätigkeit	
	= 60,00
Cashflow aus laufender Tätigkeit	240,00
+ Cashflow aus der Investitionstätigkeit	+ 10,00
+ Cashflow aus der Finanzierungstätigkeit	+ 60,00
= Cashflow des Geschäftsjahres	= 310,00
+ Finanzmittelbestand am Anfang des Geschäftsjahres	+ 90,00
= Finanzmittelbestand am Ende des Geschäftsjahres	= 400,00

3. Hinweise zur Lösung

Die Kapitalflussrechnung nach dem Deutschen Rechnungslegungs-Standard 21 (DRS 21) wurde am 4. Februar 2014 vom Deutschen Rechnungslegungs-Committee (DRSC) verabschiedet und am 8. April 2014 im Bundesanzeiger veröffentlicht. Für Unternehmen, die einen Konzernabschluss aufstellen müssen, ist die Kapitalflussrechnung für Abschlüsse ab dem 31. Dezember 2014 verpflichtend. Diese Vorschrift löst den Standard DRS 2 ab. Eine wesentliche Änderung ergibt sich darin, dass bislang gezahlte und erhaltene Zinsen sowie erhaltene Dividendenzahlungen dem laufenden Cashflow zuzuordnen waren und nun die erhaltenen Zinsen und Dividendenzahlungen dem Cashflow aus der Investitionstätigkeit, die gezahlten Zinsen dem Cashflow aus der Finanzierungstätigkeit zuzurechnen sind.

4. Literaturempfehlung

Coenenberg, Adolf G.; Axel Haller und Wolfgang Schultze (2016): Jahresabschluss und Jahresabschlussanalyse, 24. Auflage, Stuttgart 2016, Kapitel 12.

3.3.4   Finanzierungsalternativen

Aufgabe: Bewertung von Finanzierungsalternativen

Reorganisation und Bewertung des erlernten Wissens	10

1. Aufgabenstellung

Vervollständigen Sie die folgenden Aussagen durch das Ankreuzen des inhaltlich Passenden. (Einfach- oder Mehrfachnennungen möglich.)

a) Bei welcher der folgenden Finanzierungsformen werden einem Unternehmen zum betreffenden Zeitpunkt keine liquiden Mittel von außen zugeführt?

☐ … Kreditfinanzierung,

☐ … Rückstellungsfinanzierung,

☐ … Ausgabe von Gratisaktien,

☐ … Einlagenfinanzierung,

☐ … Abschreibungsfinanzierung.

b) Der Verkauf von Forderungen kann günstiger sein als …

☐ … einen langfristigen Lieferantenkredit aufzunehmen.

☐ … das Firmen-Bürogebäude zu leasen.

☐ … ein eigenes Forderungsmanagement aufzubauen und zu unterhalten.

☐ … neue Inhaber-Aktien auszugeben.

c) Ein Gesellschafter-Darlehen …

☐ … ist ein Darlehen, welches einem Gesellschafter gewährt wird.

☐ … beeinträchtigt die Kapitalverhältnisse zwischen den Eigenkapitalgebern.

☐ … ist ein Darlehen, welches ein Gesellschafter seinem Unternehmen gewährt.

☐ … führt zur Erhöhung des Eigenkapitalkontos.

d) Eine Anleihe …

☐ … führt wie die Ausgabe neuer Aktien zur Erhöhung des Eigenkapitalkontos.

☐ … führt wie ein Darlehen zur Erhöhung des Fremdkapitalkontos.

☐   … berechtigt zum Erhalt einer Dividende.
☐   … kann wie eine Aktie an der Börse gehandelt werden.

e) Eine Kapitalsammelstelle …
☐   … ist der ideale Finanzierungspartner bei Kontokorrentkrediten.
☐   … stellt überwiegend langfristiges Kapital bereit.
☐   … greift bei der Kreditvergabe auf Finanzkennzahlen zurück.
☐   … ist der ideale Finanzierungspartner im Rahmen der Innenfinanzierung.

f) Genussscheine …
☐   … ist die andere Bezeichnung für Kreditleihe bzw. Obligation.
☐   … führen zwingend zur Insolvenz des Unternehmens, siehe die PROKON AG.
☐   … sind eine Form der langfristigen Fremdfinanzierung.
☐   … tragen zum Ausgabezeitpunkt zur Erhöhung des Umlaufvermögens bei.

2. Lösung

Zu a): Bei welcher der folgenden Finanzierungsformen werden einem Unternehmen zum betreffenden Zeitpunkt keine liquiden Mittel von außen zugeführt?
☐   … Kreditfinanzierung,
☒   … Rückstellungsfinanzierung,
☒   … Ausgabe von Gratisaktien,
☐   … Einlagenfinanzierung,
☒   … Abschreibungsfinanzierung.

Zu b): Der Verkauf von Forderungen kann günstiger sein als …
☐   … einen langfristigen Lieferantenkredit aufzunehmen.
☐   … das Firmen-Bürogebäude zu leasen.
☒   … ein eigenes Forderungsmanagement aufzubauen und zu unterhalten.
☐   … neue Inhaber-Aktien auszugeben.

Zu c): Ein Gesellschafter-Darlehen …
☐   … ist ein Darlehen, welches einem Gesellschafter gewährt wird.
☐   … beeinträchtigt die Kapitalverhältnisse zwischen den Eigenkapitalgebern.
☒   … ist ein Darlehen, welches ein Gesellschafter seinem Unternehmen gewährt.
☐   … führt zur Erhöhung des Eigenkapitalkontos.

Zu d): Eine Anleihe …
☐   … führt wie die Ausgabe neuer Aktien zur Erhöhung des Eigenkapitalkontos.
☒   … führt wie ein Darlehen zur Erhöhung des Fremdkapitalkontos.
☐   … berechtigt zum Erhalt einer Dividende.
☒   … kann wie eine Aktie an der Börse gehandelt werden.

Zu e): Eine Kapitalsammelstelle …

☐ … ist der ideale Finanzierungspartner bei Kontokorrentkrediten.

☒ … stellt überwiegend langfristiges Kapital bereit.

☒ … greift bei der Kreditvergabe auf Finanzkennzahlen zurück.

☐ … ist der ideale Finanzierungspartner im Rahmen der Innenfinanzierung.

Zu f): Genussscheine …

☐ … ist die andere Bezeichnung für Kreditleihe bzw. Obligation.

☐ … führen zwingend zur Insolvenz des Unternehmens, siehe die PROKON AG.

☒ … sind eine Form der langfristigen Fremdfinanzierung.

☒ … tragen zum Ausgabezeitpunkt zur Erhöhung des Umlaufvermögens bei.

3. Hinweise zur Lösung

Bei der Lösung derartiger Aufgaben haben die Studierenden ihr erlerntes Wissen vergleichend zur Anwendung zu bringen. Denn hier wird die Einschätzung der Richtigkeit oder der Vorteilhaftigkeit von etwas erwartet, was nur geleistet werden kann, indem das in den Mittepunkt Gestellte mit dem darüber hinaus zur Auswahl Gestellten bzw. mit den Alternativen verglichen wird. Dazu sind einerseits für beide Aspekte entsprechendes Wissen über deren Wesensmerkmale und Wirkungszusammenhänge unter Beweis zu stellen und andererseits vergleichende Merkmale mit passenden Merkmalsausprägungen zu identifizieren und der gedankliche Vergleich durchzuführen.

Zu a): Die Frage zielt ab auf die Kenntnisse bezogen auf die Unterscheidung von Innen- und Außenfinanzierung. Dabei wird unter der Außenfinanzierung grundsätzlich die Beziehung zum Kapitalmarkt verstanden, die nicht unmittelbar leistungswirtschaftlich bedingt ist. Bei der Innenfinanzierung ist zwar auch eine Außenbeziehung, nämlich die zum Absatzmarkt, zu beobachten, nur ruht diese vornehmlich auf der leistungswirtschaftlichen Verwertung. Somit sind es eindeutig die Kreditfinanzierung und die Einlagenfinanzierung, die als falsch zu erkennen und damit nicht anzukreuzen sind. Vgl. hierzu auch die Aufgaben zu den Finanzierungsmöglichkeiten im Überblick.

Zu b): Der Verkauf von Forderungen ist eine Form der kurzfristigen Fremdfinanzierung. Zudem stellt er die Alternativen zum unternehmenseigenen Aufwand für ein Forderungsmanagement dar. Bei der Entscheidung für oder gegen einen Verkauf der Forderungen an einen Factor steht ein Vergleich mit diesem Aufwand an. Sollten die Factorkosten niedriger sein, als der unternehmenseigene Aufwand für ein Forderungsmanagement, dürfte die Entscheidung klar sein. Alle anderen Vergleichsgrößen sind in diesem Zusammenhang irrelevant. Demnach ist die Antwort 3 anzukreuzen. Vgl. hierzu auch die Aufgabe zur kurzfristigen Fremdfinanzierung – Factoring.

Zu c): Ein Gesellschafter-Darlehen als eine Form der langfristigen Fremdfinanzierung ist ein Darlehen, welches ein Gesellschafter seinem Unternehmen gewährt. Selbst wenn der Darleiher einer der Gesellschafter ist, wird dadurch nicht das Eigenkapitalkonto erhöht. Ebenso beeinträchtigt diese Form der Kapitalbereitstellung nicht die Kapitalverhältnisse zwischen den Eigenkapitalgebern. Gerade aus diesem Grund wird oftmals auf eine solche Form der langfristigen Fremdfinanzierung zurückgegriffen.

Zu d): Die Anleihe ist für emissionsfähige Unternehmen eine Möglichkeit, sich über die Börse, im Sinne des Primärmarktes, langfristig fremdzufinanzieren. Eine Anleihe ist ein festverzinsliches Wertpapier, welches je nach Ausstattung auch an der Börse, im Sinne des Sekundärmarktes, gehandelt werden kann. Ein Dividenden-Anspruch ist damit nicht verknüpft. Vielmehr führen die eingezahlten Beträge zur Erhöhung des Fremdkapitalkontos. Vgl. hierzu auch die Aufgabe „Langfristige Fremdfinanzierung – Anleihe".

Zu e): Eine Kapitalsammelstelle ist ein Akteur am Kapitalmarkt, welcher im Prinzip „nur das Kapital einzusammeln braucht". Die Zuordnung zum Kapitalmarkt macht deutlich, dass es sich hierbei um einen Finanzierungspartner im Rahmen der Außenfinanzierung handelt. Als Beispiel sei hier auf eine Lebensversicherungsgesellschaft verwiesen. Diese sammelt bspw. monatlich die von den Versicherungsnehmern eingezahlten Beträge zu deren Lebensversicherung ein und macht sich Gedanken darüber, wie das Kapital hoffentlich zinsbringend angelegt werden kann. Insofern der Versicherungsnehmer seine Lebensversicherung z. B. erst mit dem Eintritt in das Rentenalter ausgezahlt bekommt, kann die zinsbringende Anlage – im Sinne einer Kreditvergabe – über einen langen Zeitraum erfolgen. Daher ist eine Kapitalsammelstelle kein Finanzierungspartner bei Kontokorrentkrediten.

Zum Schutz der eingezahlten Lebensversicherungsbeträge unterliegen die Gesellschaften den Normen der Bundesanstalt für Finanzdienstleistungsaufsicht (BaFin). Diesen Normen zur Folge haben die Versicherungsgesellschaften bei der Entscheidung über eine Kreditvergabe auf die Einhaltung bestimmter Finanzkennzahlen auf Seiten der Kreditnehmer zu achten. Vgl. hierzu auch die Aufgabe „Langfristige Fremdfinanzierung – Schuldschein-Darlehen".

Zu f): Genussscheine sind, wie auch die Anleihe, bei emissionsfähigen Unternehmen eine Möglichkeit, sich an der Börse – im Sinne eines Primärmarktes – langfristig fremdzufinanzieren. Zum Ausgabezeitpunkt der Genussscheine wird das zufließende Kapitel bis zu seiner Verwendung zunächst erst einmal auf der Bank oder in der Kasse, also im Umlaufvermögen, „zwischengeparkt". Selbst wenn das Negativ-Beispiel der PROKON AG eine sehr hohe mediale Aufmerksamkeit hervorrief, so kann daraus nicht geschlussfolgert werden, dass die Finanzierung eines Unternehmens über Genussscheine zwingend zur Insolvenz führt.

Bei einer Genussschein-Finanzierung findet eine Geldleihe und keine Kreditleihe statt. Selbst wenn ein Genussschein viele Bezüge zu einer Anleihe aufweist, so ist es doch keine „andere Bezeichnung für Obligation".

3.4 Kapitalstrukturregeln und Finanzkennzahlen

Aufgabe 1: Horizontale Kapitalstrukturregeln

Reorganisieren, Selbstständiges Verstehen und Anwenden des erlernten Wissens	17

1. Aufgabenstellung

Aus der Bilanz des Geschäftsjahres 2015 der Halloren Schokoladenfabrik AG in Halle/Saale (Konzernabschluss) sind die folgenden Daten bekannt:

Eigenkapital	29,18 Mio. Euro
Rückstellungen	5,22 Mio. Euro
Verbindlichkeiten	44,52 Mio. Euro
darunter u. a.:	
. Kurzfristige Verbindlichkeiten	19,29 Mio. Euro
. Langfristige Verbindlichkeiten	0,92 Mio. Euro
Anlagevermögen	34,37 Mio. Euro
Umlaufvermögen	44,78 Mio. Euro
darunter u. a.:	
. Kurzfristiges Finanzumlaufvermögen	8,98 Mio. Euro
. Flüssige Mittel	8,87 Mio. Euro

Schätzen Sie die Unternehmenssituation unter Anwendung der bezogen auf die gegebenen Größen nutzbaren und Ihnen bekannten horizontalen Kapitalstrukturregeln ein.

2. Lösung

Die horizontalen Kapitalstrukturregeln haben entsprechend dem Grundsatz der Fristenkongruenz zwei Ansatzpunkte. Zum einen wird durch sie langfristig einem Unternehmen bereitgestelltes Kapital mit dem langfristig gebundenen Kapital gegenübergestellt. Zum anderen erfolgt ein Abgleich des kurzfristig bereitgestellten und gebundenen Kapitals.

Bezogen auf das langfristige Kapital können entsprechend der Goldenen Bilanzregel im engeren Sinne die Anlagedeckungsgrade A und B zur Beurteilung genutzt werden:

$$\text{Anlagedeckungsgrad A:} \quad \frac{\text{Eigenkapital}}{\text{Anlagevermögen}} = \frac{29,18}{34,37} = 0,85$$

Anlagedeckungsgrad B:

$$\frac{\text{Eigenkapital} + \text{langfristige Verdindlichkeiten} + \text{Rückstellungen}}{\text{Anlagevermögen}}$$

$$= \frac{29{,}18 + 0{,}92 + 5{,}22}{34{,}37} = 1{,}03$$

Die Bilanzregel im weitesten Sinne:

$$\frac{\text{Eigenkapital} + \text{langfristige Verdindlichkeiten} + \text{Rückstellungen}}{\text{Anlagevermögen} + \text{dauernd gebundenes Umlaufvermögen}}.$$

kann nicht genutzt werden, da den gegebenen Daten keine Angabe zum Wertumfang des dauernd gebundenen Umlaufvermögens entnommen werden kann.

Zur Einschätzung der Unternehmenssituation bezogen auf das kurzfristige Kapital können, da es hier insbesondere um die Beurteilung der Liquidität eines Unternehmens geht, die drei Liquiditätsgrade herangezogen werden.

$$\text{Liquidität 1. Grades:} \quad \frac{\text{flüssige Mittel}}{\text{kurzfristige Verbindlichkeiten}} = \frac{8{,}87}{19{,}29} = 0{,}46$$

$$\text{Liquidität 2. Grades:} \quad \frac{\text{flüssige Mittel} + \text{kurzfristiges Finanzumlaufvermögen}}{\text{kurzfristige Verbindlichkeiten}}$$

$$= \frac{8{,}87 + 8{,}98}{19{,}29} = 0{,}92$$

$$\text{Liquidität 3. Grades:} \quad \frac{\text{Umlaufvermögen}}{\text{kurzfristige Verbindlichkeiten}} = \frac{44{,}78}{19{,}29} = 2{,}32$$

Einschätzung der Unternehmenssituation:

Die Ergebnisse der Anlagendeckungsgrade sollten ≥ 1 sein. Dann wird von einer Kongruenz von langfristig bereitgestelltem oder überlassenem Kapital und seiner Bindung wie eben in Form des Anlagevermögens gesprochen. Der Anlagedeckungsgrad A erfüllt diese Norm mit 0,85 nicht. Deutlich besser sieht dies beim Anlagedeckungsgrad B (1,03) aus. Hier kann geschlussfolgert werden, dass das langfristig überlassene Kapital genau so groß ist wie das Anlagevermögen des Unternehmens.

Die Liquiditätssituation der Halloren Schokoladenfabrik AG Halle/Saale kann als positiv eingeschätzt werden. Die Liquidität 2. Grades sollte ≥ 1 sein, was mit 0,92 als fast erfüllt angesehen werden kann. Etwas deutlicher überzeugend ist die Liquidität 3. Grades. Hier gilt ≥ 2 als Maßstab. Mit 2,32 ist dieser mit mehr als erforderlich einzuschätzen.

3. Hinweise zur Lösung

Bei der Lösung der Aufgaben sollte von zwei Dingen ausgegangen werden: 1) Welche Daten stehen zur Beurteilung zur Verfügung? und 2) Welche Finanzkennzahlen sind demgemäß nutzbar? Mit Blick auf Kennzahlen zur Beurteilung des langfristigen Kapitals wird neben den beiden Anlagedeckungsgraden oftmals auch die sogenannte „Goldene Bilanzregel im weitesten Sinne" zum Einsatz gebracht. Insofern diese Kennzahl auf der Nennerseite des Quotienten neben dem Anlagevermögen das dauernd gebundene Umlaufvermögen einbezieht, diese Größe jedoch nicht gegeben ist, kann sie auch nicht im Sinne der Aufgabenstellung genutzt werden.

Insofern beim Anlagedeckungsgrad B die Größe Eigenkapital um langfristige Fremdkapitalgrößen ergänzt wird, sind der Gesamtbetrag der Rückstellungen in die Berechnungen einzubeziehen. Dies erklärt sich daraus, da per Definition Rückstellungen als Verbindlichkeiten anzusehen sind, deren Höhe und Fälligkeit jedoch ungewiss sind.

4. Literaturempfehlung

Brösel, Gerrit (2012): Bilanzanalyse. Unternehmensbeurteilung auf der Basis von HGB- und IFRS-Abschlüssen, 14. Auflage, Berlin 2012, S. 133–143.

Matschke, Manfred Jürgen; Thomas Hering und Heinz Eckart Klingelhöfer (2002): Finanzanalyse und Finanzplanung, München 2002, S. 48–53.

Aufgabe 2:   Vertikale Kapitalstrukturregeln

Reorganisieren, Selbstständiges Verstehen und Anwenden des erlernten Wissens	**17**

1. Aufgabenstellung

Aus der Bilanz des Geschäftsjahres 2015 der Halloren Schokoladenfabrik AG in Halle/Saale (Konzernabschluss) sind die folgenden Daten bekannt:

Eigenkapital	29,18 Mio. Euro
Rückstellungen	5,22 Mio. Euro
Verbindlichkeiten	44,52 Mio. Euro
darunter u. a.:	
Kurzfristige Verbindlichkeiten	19,29 Mio. Euro
Langfristige Verbindlichkeiten	0,92 Mio. Euro

Schätzen Sie die Unternehmenssituation unter Anwendung der bezogen auf die gegebenen Größen Ihnen bekannten und nutzbaren vertikalen Kapitalstrukturregeln ein.

2. Lösung

Die vertikalen Kapitalstrukturregeln setzen die Bestandteile der Passiv-Seite der Bilanz eines Unternehmens in Beziehung zueinander, um zu Einschätzungen über die Zusammensetzung des Kapitals des Unternehmens zu gelangen. Als Kapitalstrukturregeln, die die beiden hinsichtlich der Rechtsstellung der Kapitalgeber unterschiedlichen Kapitalgrößen in den Blick nehmen, lassen sich die Eigen- oder Fremdkapitalquote sowie der Verschuldungsgrad nutzen. Begrenzt man diese Strukturanalysen auf die Bestandteile des Eigenkapitals, dann lassen sich mit dem Selbstfinanzierungsgrad entsprechende Aussagen ableiten.

$$\text{Eigenkapitalquote} = \frac{\text{Eigenkapital}}{\text{Gesamtkapital}} = \frac{29,18}{78,92} = 0,37$$

$$\text{Fremdkapitalquote} = \frac{\text{Fremdkapital}}{\text{Gesamtkapital}} = \frac{44,52}{78,92} = 0,56$$

$$\text{Verschuldungsgrad} = \frac{\text{Fremdkapital}}{\text{Eigenkapital}} = \frac{44,52}{29,18} = 1,52$$

Einschätzung der Unternehmenssituation:

Beim Vergleich von Eigen- und Fremdkapital mittels der Eigen- und Fremdkapitalquoten sowie dem Verschuldungsgrad finden sich in der Literatur Vergleichs- oder empfohlene Größen, die zur Beurteilung der Unternehmenssituation herangezogen werden können.[12]

Tab. 21: Beurteilung vertikaler Kapitalstrukturregeln

Regel	Empfehlung	Analyseergebnis	Beurteilung
Eigenkapitalquote	$\geq 0,2$	0,37	Erfüllt.
Fremdkapitalquote	$\leq 0,8$	0,56	Erfüllt.
Verschuldungsgrad	≈ 2	1,52	Erfüllt.

---

[12] Vgl. u. a. Matschke/Hering/Klingelhöfer (2002), S. 54 f.

Der Tabelle ist zu entnehmen, dass die Eigen- und Fremdkapitalquoten bezogen auf die Vergleichsgrößen als erfüllt angesehen werden können. Beim Verschuldungsgrad kommt es zwar zu einer deutlichen Abweichung „von der Norm", dennoch ist dies als „erfüllt" einzuschätzen. Die Empfehlung geht davon aus, dass das Volumen des Fremdkapitals doppelt so groß sein kann wie das Eigenkapital. Im Fall der Halloren Schokoladenfabrik AG aus dem Jahre 2015 ist das Fremdkapital nur rund anderthalbmal so groß wie das Eigenkapital. Aus Sicht der Fremdkapitalgeber ist dies als sehr gut einzuschätzen, denn gemäß der so besser zu erfüllenden Funktionen des Eigenkapitals, vgl. dazu die Aufgabe zu den Funktionen des Eigenkapitals, stellt sich das Unternehmen attraktiv gegenüber potenziellen Fremdkapitalgebern auf.

Eine weitere Finanzkennzahl im Rahmen der vertikalen Kapitalstrukturregeln ist der Selbstfinanzierungsgrad = Gewinnrücklagen / Eigenkapital. Da jedoch keine Angabe zur Höhe der Gewinnrücklagen vorgegeben sind, kann diese Kennzahl nicht ermittelt werden.

3. Hinweise zur Lösung

Wie auch bei der Lösung der Aufgaben zu den horizontalen Kapitalstrukturregeln sollte hier von zwei Dingen ausgegangen werden: 1) Welche Daten stehen zur Beurteilung zur Verfügung? und 2) Welche Finanzkennzahlen sind demgemäß nutzbar? Bezogen auf die Interpretation der Analyseergebnisse ist zudem von der Existenz von Vergleichs- oder empfohlenen Richtwerten auszugehen. Mit Blick auf den Selbstfinanzierungsgrad liegen solche nicht vor. Hier kann man sich helfen, indem bspw. einerseits die Selbstfinanzierungsgrade vergangener Jahre – sofern bekannt – herangezogen werden oder der ermittelte Wert für zukünftige Betrachtungen als Zielgröße angesetzt wird.

4. Literaturempfehlung

Matschke, Manfred Jürgen; Thomas Hering und Heinz Eckart Klingelhöfer (2002): Finanzanalyse und Finanzplanung, München 2002, S. 54–55.

Aufgabe 3:   Stromgrößenorientierte Finanzkennzahlen

Reorganisieren, Selbstständiges Verstehen und Anwenden des erlernten Wissens   **17**

1. Aufgabenstellung

Aus der Bilanz und der Gewinn- und Verlustrechnung des Geschäftsjahres 2015 der Halloren Schokoladenfabrik AG in Halle/Saale (Konzernabschluss) sind die folgenden Daten bekannt:

Eigenkapital	29,18 Mio. Euro
Rückstellungen (2015)	5,22 Mio. Euro
(2014)	4,11 Mio. Euro
Verbindlichkeiten	44,52 Mio. Euro
darunter u. a.:	
. Kurzfristige Verbindlichkeiten	19,29 Mio. Euro
. Langfristige Verbindlichkeiten	0,92 Mio. Euro
Jahresüberschuss/-fehlbetrag	−1,63 Mio. Euro
Abschreibungen	5,08 Mio. Euro
Sachanlagen – Zugänge in 2015	4,33 Mio. Euro
Sachanlagen – Abgänge in 2015	0,19 Mio. Euro

Ermitteln Sie den Cashflow sowie die Finanzkennzahlen Entschuldungsdauer, Dynamischer Liquiditätsgrad und Innenfinanzierungsgrad der Investitionen und beurteilen Sie diese.

2. Lösung

Der Cashflow, also der Zahlungsmittelüberschuss des Unternehmens in einer Periode, setzt sich zusammen aus den Überschüssen bzw. Fehlbeträgen und den in der laufenden Periode nicht zahlungswirksamen Aufwendungen und wird aus den folgenden Größen ermittelt:

Jahresüberschuss/-fehlbetrag	−1,63 Mio. Euro
+ Abschreibungen	5,08 Mio. Euro
± Veränderungen bei den Rückstellungen	1,11 Mio. Euro
= Cashflow	4,56 Mio. Euro

Die Cashflow-Größe in die anderen Kennzahlen eingesetzt:

$$\text{Entschuldungsdauer} = \frac{\text{Fremdkapital}}{\text{Cashflow}} = \frac{44,52}{4,56} = 9,7 \text{ Jahre}$$

Die Halloren Schokoladenfabrik AG würde, wenn man unterstellt, dass der Cashflow in den nächsten Jahren in der gleichen Höhe anfällt, etwas mehr als neun Jahre benötigen, um die derzeitigen Verbindlichkeiten allein aus dem Zahlungsmittelüberschuss zu tilgen. Eine aus der Literatur bekannte Empfehlung besagt, dass im Rahmen der Bonitätsprüfung eines kreditnachfragenden Unternehmens der Kreditgeber diese Kennzahl prüfen soll und bei einer Erfüllung (kleiner als sieben Jahre) die Kreditbereitstellung auf den Weg bringen kann. Unabhängig gilt eine generelle

Einschätzung: Je kürzer die Entschuldungsdauer, desto kreditwürdiger ist ein Unternehmen anzusehen.

$$\text{Dynamischer Liquiditätsgrad} = \frac{\text{Cashflow}}{\text{Kurzfristiges Fremdkapital}} = \frac{4,56}{19,29} = 0,23$$

Mit dem Dynamischen Liquiditätsgrad wird geprüft, welcher Anteil der aktuellen kurzfristigen Verbindlichkeiten aus dem Zahlungsmittelüberschuss der aktuellen Periode bedient werden kann. In diesem Fall wären es 23 %.

$$\text{Innenfinanzierungsgrad der Investitionen} = \frac{\text{Cashflow}}{\text{Netto-Anlageinvestitionen}} = \frac{4,56}{4,14} = 1,10$$

Der Umfang der Netto-Anlageinvestitionen ist das Saldo aus Zu- und Abgängen der Sachanlagen im betrachteten Wirtschaftsjahr. Der Innenfinanzierungsgrad der Investitionen gibt somit an, welcher Anteil der Netto-Anlageinvestitionen ohne eine Aufnahme finanzieller Mittel auf dem Wege einer Außenfinanzierung hätte aus dem Zahlungsmittelüberschuss der aktuellen Periode finanziert werden können. Mit 1,10 bedeutet dies, dass der Cashflow für das 1,1fache Volumen der Netto-Anlageinvestitionen ausgereicht hätte. Damit wird eine solide finanzielle, weil selbst erwirtschaftete, Basis des Unternehmens sichtbar.

3. Hinweise zur Lösung

Wie auch bei der Lösung der Aufgaben zu den horizontalen und vertikalen Kapitalstrukturregeln sollte hier von zwei Dingen ausgegangen werden: 1) Welche Daten stehen zur Beurteilung zur Verfügung? und 2) Welche Finanzkennzahlen sind demgemäß nutzbar? Bezogen auf die Interpretation der Analyseergebnisse ist zudem die Existenz von Vergleichs- oder empfohlenen Richtwerten auszugehen und sofern existent auch zu nutzen.

4. Literaturempfehlung

Brösel, Gerrit (2012): Bilanzanalyse. Unternehmensbeurteilung auf der Basis von HGB- und IFRS-Abschlüssen, 14. Auflage, Berlin 2012, S. 149–160 sowie S. 271–273.

Matschke, Manfred Jürgen; Thomas Hering und Heinz Eckart Klingelhöfer (2002): Finanzanalyse und Finanzplanung, München 2002, S. 63–67.

Aufgabe 4: Traditionelle These zur optimalen Kapitalstruktur

Reorganisieren, Selbstständiges Verstehen des Wissens **16**

1. Aufgabenstellung

Die traditionelle These zur optimalen Kapitalstruktur geht davon aus, dass die Unternehmung bei gegebenem Gesamtkapital in der Lage ist, (teures) Eigenkapital durch (billiges) Fremdkapital zu substituieren. Dadurch werden auch die durchschnittlichen Kapitalkosten sowie der Marktwert der Unternehmung beeinflusst.

a) Veranschaulichen Sie die traditionelle These zur optimalen Kapitalstruktur in folgendem Diagramm. Tragen Sie hierzu den Verlauf der Gesamtkapitalkosten sowie den Verlauf der Eigen- und Fremdkapitalkosten in Abhängigkeit vom Verschuldungsgrad in folgendes Koordinatensystem ein. Erläutern Sie kurz Ihr Vorgehen.

Abb. 9:   Leeres Koordinatensystem zur optimalen Kapitalstruktur

b) Würdigen Sie kritisch die traditionelle These zur optimalen Kapitalstruktur von Unternehmen.

2. Lösung

a)

r_{Ek}, r_{FK}, r_{GK}

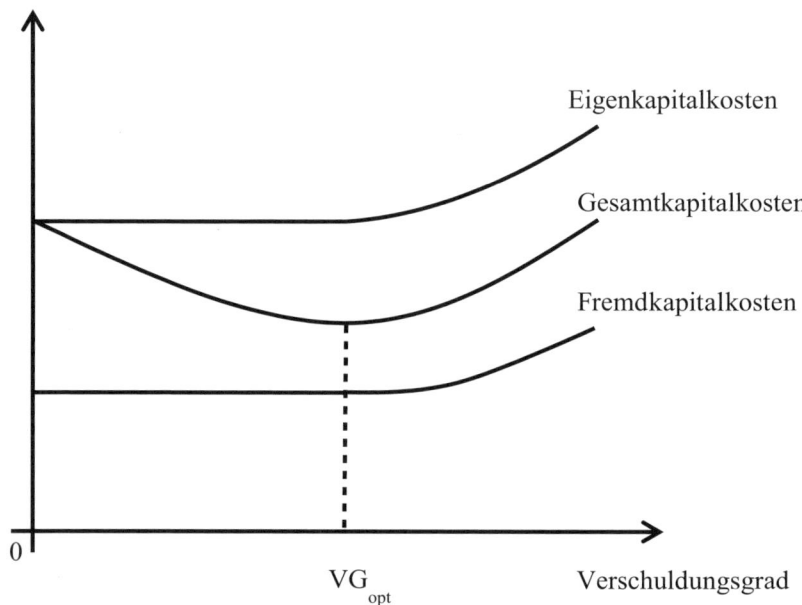

Abb. 10:   Ausgefülltes Koordinatensystem zur optimalen Kapitalstruktur

mit

VG_{opt} optimaler Verschuldungsgrad
r_{EK} Eigenkapitalkosten
r_{FK} Fremdkapitalkosten
r_{GK} Gesamtkapitalkosten

Die Eigenkapitalkosten liegen über den Fremdkapitalkosten. Das ist darauf zurückzuführen, da das Eigenkapital vorrangig vor dem Fremdkapital haftet. Für dieses zusätzliche Risiko verlangen die Eigenkapitalgeber eine Risikoprämie.[13]

Die mit dem Eigen- und Fremdkapital verbundenen Kosten verlaufen anfangs konstant. Wird nun kontinuierlich Eigen- durch Fremdkapital ersetzt, sinken die Gesamtkapitalkosten. Die Gesamtkapitalkosten sinken, solange die Kosten des Eigen- oder

---

[13] Vgl. Perridon/Steiner/Rathgeber (2012), S. 528.

Fremdkapitals konstant sind. Mit steigendem Verschuldungsgrad erhöht sich der Anteil des Fremdkapitals. Das Eigenkapital sichert das Unternehmen gegen eine Überschuldung. Wird nun das Eigenkapital immer weiter reduziert, erhöht sich das Risiko einer Überschuldung. Fremd- und Eigenkapitalgeber verlangen daher eine höhere Risikoprämie bei einem immer höher werdenden Verschuldungsgrad. Die Fremd- und Eigenkapitalkosten steigen. Sobald diese steigen, erhöhen sich auch die Gesamtkapitalkosten. Diesen Grad der Verschuldung (Umfang des Ersatzes des Eigenkapitals durch Fremdkapital) bezeichnet man als den optimalen Verschuldungsgrad. In diesem Punkt liegt der maximale Marktwert des Unternehmens vor. Ein Unternehmen sollte bestrebt sein, diesen Punkt mit Blick auf die Minimierung der Gesamtkapitalkosten zu erreichen.

b) Dieses Modell setzt die genaue Risikosensibilität sowohl der Eigen- als auch der Fremdkapitalgeber voraus. Eine Verhaltensänderung der Eigen- und Fremdkapitalgeber mit Blick auf die Höhe des Verschuldungsgrades setzt weiterhin eine vollständige Information voraus. Es mangelt dieser These an empirischen Befunden. Den Beweis der Irrelevanz der traditionellen These der optimalen Kapitalstruktur von Unternehmen haben erstmalig Modigliani und Miller erbracht. Sie konnten nachweisen, dass der Marktwert eines Unternehmens unabhängig vom Anteil des Eigen- und Fremdkapitals ist. Es ist also irrelevant für den Wert eines Unternehmens, ob es sich hoch verschuldet oder vollständig durch Eigenkapital finanziert wird. Anders ausgedrückt: Die Größe des Kuchens hängt nicht von der Anzahl und der Größe der geschnittenen Stücke ab.[14]

3. Hinweise zur Lösung

Bei der Lösung dieser Aufgabe ist die Annahme richtig abzubilden, die der traditionellen These zum optimalen Verschuldungsgrad zugrunde liegt. Diese Annahme geht davon aus, dass ein optimaler Verschuldungsgrad einer Unternehmung existiert, bei dem die Gesamtkapitalkosten der Unternehmung minimal sind und der Marktwert maximal ist. Ein Minimum der Kapitalkosten existiert, wenn zunächst (teures) Eigenkapital durch (billiges) Fremdkapital substituiert wird. Hierdurch sinken die Gesamtkapitalkosten. Durch fortschreitende Substitution steigen die Kosten des Eigenkapitals und des Fremdkapitals, da die Kapitalgeber eine höhere Risikoprämie aufgrund des steigenden Risikos der Überschuldung verlangen. Sobald die Fremd- und Eigenkapitalkosten steigen, erhöhen sich auch die Gesamtkapitalkosten. Diesen Grad der Verschuldung (Umfang des Ersatzes des Eigenkapitals durch Fremdkapital) bezeichnet man als optimalen Verschuldungsgrad.

---

[14] Vgl. Kruschwitz und Husmann (2012), S. 257.

Im Hinblick auf die grafische Veranschaulichung ist zu beachten, dass die Gesamtkapitalkosten den Eigenkapitalkosten für einen Verschuldungsgrad von null entsprechen. Bei steigender Verschuldung nähern sich die Gesamtkapital- den Fremdkapitalkosten an und bilden ein Minimum, bis die Kosten des Eigen- oder Fremdkapitals zu steigen beginnen. Mit zunehmender Verschuldung steigen auch die Gesamtkapitalkosten.

In ihrem viel beachteten Aufsatz zeigen Modigliani und Miller die Irrelevanz der traditionellen These der optimalen Kapitalstruktur, indem sie nachgewiesen haben, dass der Marktwert eines Unternehmens unabhängig vom Anteil des Eigen- und Fremdkapitals ist.

4. Literaturempfehlung

Kruschwitz, Lutz und Sven Husmann (2012): Finanzierung und Investition, 7. Auflage, München 2012, S. 253–257.

Modigliani, Franco und Merton H. Miller (1958). The Cost of Capital, Corporation Finance and the Theory of Investment. The American Economic Review, Vol. 48 (3): S. 261–297.

Perridon, Louis; Manfred Steiner und Andreas Rathgeber (2012): Finanzwirtschaft der Unternehmung, 16. Auflage, München 2012, S. 528–532.

Aufgabe 5: Leverage-Effekt – Herleitung der Formel

Reproduktion, Selbstständiges Erarbeiten   **10**

1. Aufgabenstellung

Worin besteht das Wesen des Leverage-Effektes? Verdeutlichen Sie dies, und leiten Sie dazu die Formel des Leverage-Effektes ausgehend von der Formel für die Eigenkapital-Rentabilität her.

2. Lösung

Der Leverage-Effekt (oder auch Hebel-Effekt) gibt an, dass sich die Eigenkapitalrentabilität (r_{EK}) bei einer Substitution des Eigenkapitals (EK) durch Fremdkapital (FK) oder die weitere Aufnahme von Fremdkapital verändert. Von der „Leverage-Chance" spricht man, wenn die Eigenkapitalrentabilität ansteigt. Fällt die Eigenkapitalrentabilität bei steigender Verschuldung ab, so spricht man von einem negativen Leverage-Effekt oder auch von einem „Leverage-Risiko".

Das Kriterium für diese Veränderung ist die Differenz aus der Gesamtkapitalrentabilität (r_{GK}) und dem Fremdkapitalzins (r_{FK}). Ist diese Differenz positiv, d. h. $(r_{GK} - r_{FK} > 0)$, kann die Eigenkapitalrentabilität durch eine zunehmende Verschuldung gesteigert werden. Gilt indes $(r_{GK} - r_{FK} < 0)$, sinkt die Eigenkapitalrentabilität mit steigender Verschuldung.

Eine wichtige theoretische Prämisse für die Gültigkeit des Leverage-Effektes ist die Konstanz des Fremdkapitalzinssatzes. Eine steigende Verschuldung ist erfahrungsgemäß jedoch auch mit einem steigenden Zinssatz – im Sinne einer erhöhten Risikoprämie – für das zur Verfügung gestellte Fremdkapital verbunden. Trifft dies zu, kann der Leverage-Effekt zur Verdeutlichung des Zusammenhangs von Eigenkapitalrentabilität und Verschuldungsgrad nur in modifizierter Form Berücksichtigung finden.

Herleitung der Formel für den Leverage-Effekt

r	Rentabilität	GK	Gesamtkapital (= EK + FK)
EK	Eigenkapital	G	Gewinn
FK	Fremdkapital		

Die Eigenkapitalrentabilität ergibt sich aus dem Verhältnis von Gewinn zu eingesetztem Eigenkapital $r_{EK} = \dfrac{G}{EK}$.

Der Gewinn ist die Differenz aus Erträgen und Aufwendungen einschließlich der für das aufgenommene Fremdkapital zu zahlenden Zinsen. Als Überschuss des Gesamtkapitals kann die Summe von Gewinn und FK-Zinsen angesehen werden. Er ergibt sich definitorisch als Produkt von Gesamtkapitalrentabilität und Gesamtkapital. Fremdkapitalzinsen sind das Produkt von Fremdkapitalrentabilität (oder auch dem vereinbarten Zinssatz) und der Höhe des Fremdkapitals. Nimmt man diese Ersetzungen vor, folgt:

$$r_{EK} = \frac{r_{GK} \cdot GK - r_{FK} \cdot FK}{EK} \, .$$

Das Gesamtkapital wird durch die Summe seiner Bestandteile ersetzt:

$$r_{EK} = \frac{r_{GK} \cdot (EK + FK) - r_{FK} \cdot FK}{EK} \, .$$

Der Klammerinhalt ist auszumultiplizieren

$$r_{EK} = \frac{r_{GK} \cdot EK + r_{GK} \cdot FK - r_{FK} \cdot FK}{EK} \, ,$$

das Fremdkapital in zwei Termen des Zählers auszuklammern

$$r_{EK} = \frac{r_{GK} \cdot EK + (r_{GK} - r_{FK}) \cdot FK}{EK} \quad \text{und}$$

das Eigenkapital zu kürzen. Es verbleibt die Formel des Leverage-Effektes:

$$r_{EK} = r_{GK} + (r_{GK} - r_{FK}) \cdot \frac{FK}{EK}.$$

3. Hinweise zur Lösung

Wichtig für das Verständnis der Wirkungsweise des Leverage-Effektes ist die Beachtung der zwei Hauptbestandteile der Leverage-Formel: 1) die Differenz der Rentabilitäten ($r_{GK} - r_{FK}$) und 2) der Verschuldungsgrad, also der Quotient aus Fremd- zu Eigenkapital $\left(\frac{FK}{EK} \right)$. Während das Vorzeichen der Differenz Auskunft darüber gibt, ob es sich im jeweiligen Fall um einen positiven oder negativen Leverage-Effekt handelt, verdeutlicht der Verschuldungsgrad den „Verstärker" dieses Effektes. Zugleich kann aus dem Verschuldungsgrad die Kapitalstruktur des betrachteten Unternehmens abgeleitet werden.

4. Literaturempfehlung

Becker, Hans Paul (2010): Investition und Finanzierung. Grundlagen der betrieblichen Finanzwirtschaft, 4. Auflage, Wiesbaden 2010, S. 11–12.

Däumler, Klaus-Dieter und Jürgen Grabe (2013): Betriebliche Finanzwirtschaft, 10. Auflage, Herne 2013, S. 66–69.

Jahrmann, Fritz-Ulrich (2009): Finanzierung, 6. Auflage, Herne 2009, S. 16–18.

Aufgabe 6:   Leverage-Effekt – Anwendung

Reproduktion, Selbstständiges Verstehen durch Anwenden   **10**

1. Aufgabenstellung

Ein Unternehmen beabsichtigt, 10 Mio. Euro in eine neue Fertigungsanlage zu investieren. Der jährlich zu erwartende Gewinn wird Prognoserechnungen zufolge in einer Höhe von 800.000 Euro anfallen. Wie hoch ist die Eigenkapitalrentabilität, wenn die Investition:

a) ausschließlich mit Eigenkapital finanziert wird,

b) zu 20 % mit Eigenkapital und zu 80 % mit einem Kredit finanziert wird und der Kreditzinssatz 6 % beträgt,

c) wie bei b) finanziert wird, der Kreditzins jedoch 12 % beträgt?

d) Für welchen der Fälle werden sich ein risikoaverser bzw. ein risikofreudiger Entscheider in der Unternehmensleitung entscheiden?

2. Lösung

Zu a): Bei ausschließlicher Finanzierung der Investition mit Eigenkapital hat die Eigenkapitalrentabilität eine Höhe von:

$$r_{EK} = \frac{Gewinn}{GK} = \frac{0,8 \text{ Mio. Euro}}{10 \text{ Mio. Euro}} = 0,08 = r_{GK}.$$

Bei einer ausschließlich mit Eigenkapital finanzierten Investition kommt es zu einer Eigenkapitalrentabilität in Höhe von 8 %.

Zu b): Wird zur Finanzierung der vorgesehenen Investition Fremdkapital mit einer Verzinsung von i = 6 % aufgenommen, stellt sich in Kenntnis des Ergebnisses aus dem Fall a) wegen $r_{GK} = r_{EK} > i$[15], denn $r_{GK} = 0,08$ und $i = 0,06$ ein positiver Leverage-Effekt ein. Unter diesen Voraussetzungen und einem Verschuldungsgrad von 4 (80 % Fremdkapital : 20 % Eigenkapital) beträgt die Eigenkapitalrentabilität:

$$r_{EK} = 0,08 + (0,08 - 0,06) \cdot \frac{8 \text{ Mio. Euro}}{2 \text{ Mio. Euro}} = 0,08 + 0,02 \cdot 4 = 0,16,$$

also 16 %.

Zu c): Steht Fremdkapital in diesem Umfang jedoch nur zu einem Zins von 12 % zur Verfügung, stellt sich wegen $r_{GK} < i$ ein negativer Hebel-Effekt der Verschuldung ein. Bei einem identischen Verschuldungsgrad von 4 wird die Eigenkapitalrentabilität ins Negative abrutschen:

$$r_{EK} = 0,08 + (0,08 - 0,12) \cdot \frac{8 \text{ Mio. Euro}}{2 \text{ Mio. Euro}} = 0,08 - 0,04 \cdot 4 = -0,08,$$

also – 8 %.

---

[15] Die Erläuterungen der Abkürzungen vgl. die Aufgabe zur Herleitung der Leverage-Effekt-Formel.

Zu d): Ein risikoaverser Entscheider wird aufgrund der mit einer Fremdfinanzierung grundlegend verknüpften Risiken (vgl. Aufgabe Finanzierungsziele) den Fall a) wählen. Für einen risikofreudigen Entscheider indes ist unter Berücksichtigung des positiven Leverage-Effektes der Fall b) die vorteilhaftere Variante.

3. Hinweise zur Lösung

Bei der Berechnung der Eigenkapitalrentabilität in den drei Fällen sind unterschiedliche Formeln zu nutzen. Im Fall a) reicht die einfache Formel für die Ermittlung der Eigenkapitalrentabilität

$$r_{EK} = \frac{\text{Gewinn}}{\text{GK}}$$

aus, weil – wie bekannt – hier keine Aufnahme von Fremdkapital vorgesehen ist.

Anders verhält es sich in den Fällen b) und c). Hier ist mit einer analogen Begründung die Leverage-Effekt-Formel

$$r_{EK} = r_{GK} + (r_{GK} - r_{FK}) \cdot \frac{FK}{EK}$$

zum Einsatz zu bringen.

Weiterhin ist hier davon auszugehen, dass die im Fall a) angegebene Größe des erwarteten Gewinnes nun als eine Überschussgröße anzusehen ist. Sie ist die Summe aus den an die Fremdkapitalgeber zu zahlenden Zinsen und dem Gewinn, welcher abschließend den Eigenkapitalgebern zufließt. Im Falle eines Fremdkapitalzinssatzes in Höhe von 6 % sind für die in Anspruch genommenen 8 Mio. Euro, vgl. Fall b), am Ende eines jeden Jahres 480.000 Euro an Zinsen zu zahlen. Somit verbleibt die Differenz (800.000 Euro – 480.000 Euro = 320.000 Euro) zur Ausschüttung an die Eigenkapitalgeber. Bezogen auf den Fall c) und den dort geforderten 12 % Zinsen pro Jahr würde der erwirtschaftete Überschuss von 800.000 Euro gar nicht ausreichen, um die Zinsen in Höhe von 960.000 Euro pro Jahr zu zahlen. Hier kommt es zu einem Eigenkapitalverzehr, was sich in der negativen Eigenkapitalrentabilität zeigt.

4. Literaturempfehlung

Däumler, Klaus-Dieter und Jürgen Grabe (2013): Betriebliche Finanzwirtschaft, 10. Auflage, Herne 2013, S. 66–69.

Matschke, Manfred Jürgen; Thomas Hering und Heinz Eckart Klingelhöfer (2002): Finanzanalyse und Finanzplanung, München 2002, S. 56–60.

4   Investition

4.1   Statische Investitionsrechnung

4.1.1   Kostenvergleichsrechnung

Aufgabe 1:   Ermittlung des Maschinenstundensatzes anhand der
Kostenvergleichsrechnung

Reproduktion, Wiedergabe des gelernten Wissens und Anwendung des Wissens	**20**

1. Aufgabenstellung

Der Bauunternehmer Eder beabsichtigt
den Kauf der Bausteinsäge UVB Z 500 S
(siehe Bild).

Abb. 11:   ZAGRO-Bausteinsäge UVB Z 500 S[16]

---

[16] Das Foto wurde uns freundlicherweise von der ZAGRO Bahn- und Baumaschinen GmbH mit Sitz in Bad Rappenau-Grombach bereitgestellt. Die aufgabenspezifischen Daten (Anschaffungskosten, Angaben zu den Betriebskosten, Nutzungsdauer usw.) zu der in der Abbildung gezeigten Maschine stimmen aus didaktischen Gründen nicht mit den tatsächlichen Werten überein.

Die Säge weist folgende technische Angaben auf:

Stromverbrauch: 10 kW

Strompreis: 0,12 Euro je kW/h

Stellfläche: 10 m^2

Jährliche Wartungskosten: 250,00 Euro

Ersatz Sägebänder: 50,00 Euro bei 25 Maschinenstunden

Die Anschaffungskosten der Säge betragen 25.000 Euro, mit einem Restwert von 1.000 Euro ist zu rechnen, die erwartete Nutzungsdauer liegt bei 6 Jahren, und der Zinssatz zur Ermittlung der kalkulatorischen Zinsen soll 6 % betragen. Die Raumkosten rechnet Eder mit 5 Euro pro Quadratmeter im Monat. Eder geht bei der Anschaffung davon aus, dass er die Säge ca. 600 Stunden pro Jahr für Aufträge nutzen wird.

Welchen Betrag hat Eder pro Maschinenstunde mindestens einzunehmen, damit sich die Investition für ihn lohnt? Runden Sie Ihr Ergebnis auf zwei Nachkommastellen.

2. Lösung

Jährliche durchschnittliche Kosten:

Abschreibungen:
$$\frac{25.000-1.000}{6} = 4.000 \text{ Euro}$$

Zinsen:
$$\frac{25.000+1.000}{2} \cdot 0,06 = 780 \text{ Euro}$$

Stromkosten:
$$600 \text{ h} \cdot 10 \text{ kw} \cdot 0,12 \text{ Euro} / \text{kWh} = 720 \text{ Euro}$$

Raumkosten:
$$10 \text{ m}^2 \cdot \frac{5 \text{ Euro}}{\text{m}^2} \cdot 12 \text{ Monate} = 600 \text{ Euro}$$

Wartungskosten: 250 Euro

Ersatzsägeblätter: 600 h / 25 h · 50 Euro = 1.200 Euro

Gesamtkosten durchschnittlich/Jahr: 7.550 Euro

Kosten/Stunde bei jährlich
600 Betriebsstunden:
$$\frac{7.550 \text{ Euro}}{600 \text{ h}} = 12,583 \text{ Euro} / \text{h}$$

Eder hat seinen Kunden mindestens 12,59 Euro je Betriebsstunde in Rechnung zu stellen.

3. Hinweise zur Lösung

Obwohl in diesem Fall kein Vergleich von Investitionsalternativen durchgeführt wurde, können die Periodenkosten eines Investitionsobjektes ermittelt werden, um daraus Aussagen hinsichtlich der Vorteilhaftigkeit der Investition abzuleiten. Im hier vorliegenden Fall soll der Mindestpreis einer Betriebsstunde berechnet werden.

Ermitteln Sie die Kapitalkosten nach den Formeln:

$$\text{Abschreibungen} = \frac{\text{Anschaffungskosten} - \text{Restwert}}{\text{Nutzungsdauer}}$$

$$\text{Zinsen} = \frac{\text{Anschaffungskosten} + \text{Restwert}}{2} \cdot \text{Zinssatz}$$

Die jährlichen Betriebskosten werden nach den angegebenen Verbrauchswerten ermittelt. Der Mindestbetrag, den Eder seinen Kunden in Rechnung stellen muss, ergibt sich aus den durchschnittlichen Stückkosten (hier Kosten/Betriebsstunde).

4. Literaturempfehlung

Heinhold, Michael (1999): Investitionsrechnung. Studienbuch, 8. Auflage, München 1999, S. 45–59.

Schulte, Gerd (2007): Investition. Investitionscontrolling und Investitionsrechnung, 2. Auflage, München 2007, S. 40–51.

Aufgabe 2: Alternativvergleich mit Hilfe der Kostenvergleichs- rechnung

Reproduktion, Wiedergabe des gelernten Wissens und Anwendung des Wissens	20

1. Aufgabenstellung

Ein Unternehmen steht vor der Frage, ob in der Logistik Paletten mit Hilfe von Gabelstaplern oder durch eine vollautomatische Förderanlage ein- und ausgelagert werden sollen.

Folgende Daten liegen Ihnen vor.

Gabelstapler:

Anschaffungskosten:	30.000 Euro
Restwert:	2.000 Euro
Nutzungsdauer:	10 Jahre
Betriebskosten je Palette:	0,45 Euro

Förderanlage:

Anschaffungskosten:	140.000 Euro
Restwert:	15.000 Euro
Nutzungsdauer:	10 Jahre
Betriebskosten je Palette:	0,15 Euro

Beide Investitionsalternativen berücksichtigen einen Zinssatz von 7 %.

a) Nennen Sie die Verfahren der statischen Investitionsrechnung.
b) Welches statische Verfahren kommt nach der Datenlage dieser Aufgabe für eine Entscheidung in Frage. Begründen Sie Ihre Antwort kurz.
c) Wie hoch sind die Kosten einer bewegten Palette vom Gabelstapler (k_G), wenn jährlich 50.000 Paletten bewegt werden?
d) Wie hoch sind die Kosten einer bewegten Palette von der Förderanlage (k_F), wenn jährlich 50.000 Paletten bewegt werden?
e) Wie viele Paletten pro Jahr dürfen höchstens bewegt werden, damit der Gabelstapler gegenüber der vollautomatischen Förderanlage im Vorteil ist?
f) Stellen Sie sich vor, das Unternehmen kennt die Betriebskosten pro Palette (k_v) bei der Förderanlage nicht. Alle übrigen Daten der Förderanlage sind jedoch bekannt. Man weiß sicher, dass pro Jahr 40.000 Paletten bewegt werden. Wie hoch dürfen die Betriebskosten je Palette bei der Förderanlage sein, damit sie gegenüber dem Gabelstapler im Vorteil ist?

2. Lösung

Zu a): Kostenvergleichsrechnung, Gewinnvergleichsrechnung, Rentabilitäts- oder Renditevergleichsrechnung, statische Amortisationsrechnung

Zu b): Nur die Kostenvergleichsrechnung, weil die Erlöse für die anderen Verfahren nicht gegeben sind.

Zu c): k_G: $2.800 + 1.120 + 50.000 \cdot 0,45 = 26.420$

$k_G = 0,5284$ Euro je Palette

Zu d): k_F: $12.500 + 5.425 + 50.000 \cdot 0,15 = 25.425$

$k_F = 0,5085$ Euro je Palette

Zu e): $k_G = k_F$ $\qquad 3.920 + 0,45x = 17.925 + 0,15x$

$x = 46.683,33$ Paletten

Zu f): $21.920 = 17.925 + 40.000 \, k_v$

$k_v = 0,099875$ Euro BK je Palette

3. Hinweise zur Lösung

Zu c) und d): Die Kosten einer Investition setzen sich aus den Kapitalkosten (auch Kapitaldienst genannt) und den Betriebskosten zusammen. Die Kapitalkosten wiederum weisen die Bestandteile Abschreibungen und Zinsen auf.

Typische Kostenvergleichsrechnungen stellen auf durchschnittliche Abschreibungen und Zinsen für eine Periode ab. Die Investition mit den geringeren Periodenkosten oder den geringeren Stückkosten je Ausbringungseinheit wird als vorteilhaft gegenüber alternativen Investitionen identifiziert.

Die Abschreibungen errechnen sich nach der Formel: $\dfrac{\text{Anschaffungswert} - \text{Restwert}}{\text{Nutzungsdauer}}$.

In der Aufgabe errechnen sich die Abschreibungen für den Gabelstapler wie folgt:

$$\text{Abschreibungen} = \frac{30.000 - 2.000}{10} = 2.800 \, .$$

Die Abschreibung für die Förderanlage errechnet sich: $\dfrac{140.000 - 15.000}{10} = 12.500$.

Die Zinsen errechnen sich wie folgt: $\dfrac{\text{Anschaffungskosten} + \text{Restwert}}{2} \cdot \text{Zinssatz}$.

Der Quotient $\dfrac{\text{Anschaffungskosten} + \text{Restwert}}{2}$ bringt das durchschnittlich gebundene Kapital über die gesamte Investitionsdauer zum Ausdruck.

In der Aufgabe errechnen sich die Zinsen für den Gabelstapler wie folgt:

$$\frac{30.000 + 2.000}{2} \cdot 0,07 = 1.120 \, .$$

Die Zinsen der Förderanlage ergeben sich so: $\dfrac{140.000 + 15.000}{2} \cdot 0,07 = 5.425$.

Die Betriebskosten mit 0,45 Euro für den Gabelstapler und 0,15 Euro für die Förderanlage ergeben sich aus der Aufgabenstellung und sind nur noch mit der geplanten Menge von 50.000 Palettenbewegungen zu multiplizieren.

Zu e): Hier sind die beiden Kostenfunktionen einfach gleichzusetzen. Die Fixkosten bei beiden Investitionen sind hier die Kapitalkosten, die sich aus Abschreibung und Zins zusammensetzen.

Zu f): Hier sind zunächst die Kosten des Gabelstaplers bei 40.000 Palettenbewegungen zu errechnen: 3.920 + 0,45 · 40.000 = 21.920 Euro. Sodann ist nach den variablen Stückkosten der Förderanlage zu suchen (siehe Lösung).

4. Literaturempfehlung

Heinhold, Michael (1999): Investitionsrechnung. Studienbuch, 8. Auflage, München 1999, S. 45–59.

Schulte, Gerd (2007): Investition. Investitionscontrolling und Investitionsrechnung, 2. Auflage, München 2007, S. 40–51.

Aufgabe 3: Ersatzzeitpunkt mit Hilfe der Kostenvergleichsrechnung

Reproduktion, Wiedergabe des gelernten Wissens und Anwendung des Wissens	**20**

1. Aufgabenstellung

Eine Studentin der FH Bielefeld überlegte im Jahr 2009, ob sie ihr altes, aber fahrtüchtiges Auto (10 Jahre alt) mit der in Aussicht gestellten Abwrackprämie von 2.500 Euro gegen ein neues Fahrzeug eintauschen sollte. In die engere Auswahl kam ein Fahrzeug für 12.000 Euro. Die Studentin geht davon aus, dass sie ihre Autos 14 Jahre fahren kann, ehe sie sie entsorgt (Schrottwert = Entsorgungskosten).

In ihrer Rechnung kalkuliert sie mit einem Zins von 6 %. Die jährlichen Betriebskosten des alten Autos belaufen sich auf 3.000 Euro p. a. Die Betriebskosten des neuen Fahrzeugs schätzt Sie auf 2.600 Euro p. a.

Sollte Sie das alte Fahrzeug ersetzen?

2. Lösung

Kosten der Weiternutzung des alten Fahrzeugs pro Restnutzungsjahr:

Abfall des Liquidationserlöses:
$$\frac{2.500-0}{4} = 625 \ .$$

Zinsen auf den Liquidationserlös:
$$\frac{2.500+0}{2} \cdot 0,06 = 75 \ .$$

Betriebskosten: 3.000 Euro

Summe der jährlichen Kosten bei Weiternutzung: 3.700 Euro

Kosten bei Neuanschaffung unter Ausnutzung der Abwrackprämie pro Nutzungsjahr:

Abschreibung:
$$\frac{(12.000-2.500)-0}{14} = 678,57$$

Zinsen auf das durchschnittlich gebundene Kapital: $\dfrac{(12.000 - 2.500) + 0}{2} \cdot 0,06 = 285$

Betriebskosten: 2.600 Euro

Summe der jährlichen Kosten bei Neuanschaffung
mit Verwertung der Abwrackprämie: 3.563,57 Euro

Fazit: Der Ersatz des alten Fahrzeugs rechnet sich bei Berücksichtigung der Abwrackprämie.

3. Hinweise zur Lösung

In diesem Fall ist es wichtig, die entscheidungsrelevanten Daten zu berücksichtigen. Bei der Weiternutzung des alten Fahrzeugs spielen die ursprünglich ermittelten Abschreibungen des Altfahrzeugs keine Rolle, denn durch die in Aussicht gestellte Abwrackprämie kommt die Studentin in eine neue Entscheidungssituation. Ersetzt sie ihr altes Fahrzeug nicht, geht ihr die Abwrackprämie in den letzten vier Nutzungsjahren verloren. Die Zinsen werden hier auf das fiktiv gebundene Kapital gerechnet, in diesem Fall auf die Hälfte der Abwrackprämie. Da kein Restwert nach den vier Restnutzungsjahren anfällt (Schrottwert = Entsorgungskosten), spielt dieser in der Berechnung keine Rolle und wird mit 0 angesetzt. Man spricht in diesem Fall bei der entgangenen Abwrackprämie auch von Opportunitätskosten, die durch den Verzicht auf eine anderweitige Nutzung entstehen.

Bei einem Ersatz des Fahrzeugs streicht die Studentin die Abwrackprämie ein und mindert so die auf die Nutzungsjahre zu verteilende rein kalkulatorische Abschreibung, weil ihre Anschaffungskosten durch die Subvention (Abwrackprämie) quasi gemindert sind. Dieser Sachverhalt wirkt sich ebenso auf das durchschnittlich gebundene Kapital aus. Deshalb werden die Anschaffungskosten in beiden Formeln (Abschreibung und Zins) um die erzielte Abwrackprämie gemindert.

4. Literaturempfehlung

Röhrich, Martina (2014): Grundlagen der Investitionsrechnung. Darstellung anhand einer Fallstudie, 2. Auflage, München 2014, S. 20–23.

Aufgabe 4:   Kauf oder Leasing mit Hilfe der Kostenvergleichsrechnung

Anwendung des Wissens auf andere Bereiche   10

1. Aufgabenstellung

Ein Spediteur steht vor der Frage, ob er einen Klein-LKW kaufen oder leasen soll. Er rechnet in seinem Unternehmen mit einem Kalkulationszins von 6 %. Steuerliche Aspekte sollen hier keine Berücksichtigung finden. Folgende Informationen liegen vor:

Kauf:

Anschaffungskosten:	60.000 Euro
Nutzungsdauer:	5 Jahre
Restwert nach 5 Jahren:	10.000 Euro

Leasing: Zu Beginn des Leasings ist eine Abschlagszahlung von 15.000 Euro fällig. Die jährlichen Leasingraten betragen 10.200 Euro. Wenn der Leasingvertrag ordnungsgemäß erfüllt wurde, geht der Klein-LKW nach 5 Jahren mit der letzten Leasingrate in das Eigentum des Leasingnehmers über. Sämtliche Betriebskosten (Steuer, Versicherung, Inspektionen und Reparaturen) gehen zu Lasten des Leasingnehmers.

2. Lösung

Zu Kauf:

Kosten = Abschreibung + Zinsen + Betriebskosten

Da die Betriebskosten bei Kauf und Leasing identisch sind, kann im Rahmen der Kostenvergleichsrechnung auf diese Bestandteile verzichtet werden.

$$K = \frac{60.000 - 10.000}{5} + \frac{60.000 + 10.000}{2} \cdot 0,06 = 12.100$$

Zu Leasing:

$$K = \frac{15.000 - 10.000}{5} + \frac{15.000 + 10.000}{2} \cdot 0,06 + 10.200 = 11.950$$

Der Spediteur sollte in diesem Fall den Klein-LKW leasen, denn seine jährlichen Kapitalkosten sind dadurch um 150 Euro geringer.

3. Hinweise zur Lösung

In diesem Fall spielen nur die Kapitalkosten die entscheidende Rolle, da die Betriebskosten bei den beiden Möglichkeiten identisch sind. Die Berechnung der Periodenkosten bei Kauf läuft nach dem bekannten Muster und dürfte keine Probleme beinhalten. Im Falle des Leasings liegen keine Anschaffungskosten vor, jedoch muss die Abschlagszahlung und der Restwert auf die Perioden verteilt werden. Diese Art der Zahlungsverteilung entspricht den Abschreibungen bei Kauf. Ebenso verhält es sich bei den Zinsen. Die jährlichen Leasingraten lassen sich einfach in ihrem vollen Betrag als Periodenkosten hinzurechnen.

4. Literaturempfehlung

Wöhe, Günter und Ulrich Döring (2013): Einführung in die Allgemeine Betriebs-
  wirtschaftslehre, 25. Auflage, München 2013, S. 567–571.
Kruschwitz, Lutz (2009): Investitionsrechnung, 12. Auflage, München 2009,
  S. 143–151.

4.1.2 Gewinnvergleichsrechnung

Aufgabe 1: Alternativvergleich mittels Gewinnvergleichsrechnung

Reproduktion, Wiedergabe des gelernten Wissens und Anwendung des Wissens	35

1. Aufgabenstellung

Ein Industrieunternehmen stellt mit einer Stanze Bauteile für die Automobilindustrie her. In die engere Wahl kommen zwei Maschinen. Da der Kunde die mit Maschine A hergestellten Bauteile noch entgraten muss, ist der Erlös je Bauteil bei Maschine A geringer.

Maschine A:

Anschaffungskosten:	50.000 Euro
Liquidationserlös nach Nutzungszeit:	4.500 Euro
Nutzungsdauer:	7.500 Betriebsstunden
Betriebskosten je Betriebsstunde:	10,60 Euro
herstellbare Bauteile je Betriebsstunde:	40 Stück
maximale Leistung pro Jahr:	3.000 Betriebsstunden
Erlös je Bauteil:	0,60 Euro

Maschine B:

Anschaffungskosten:	64.000 Euro
Liquidationserlös nach Nutzungszeit:	7.500 Euro
Nutzungsdauer:	8.000 Betriebsstunden
Betriebskosten je Betriebsstunde:	10,50 Euro
herstellbare Bauteile je Betriebsstunde:	40 Stück
maximale Leistung pro Jahr:	3.000 Betriebsstunden
Erlös je Bauteil:	0,63 Euro

Das Unternehmen rechnet bei den Zinsen mit einem Kalkulationszinssatz von 6 %.

a)   Ermitteln Sie die Gewinne der beiden Investitionsalternativen pro Jahr bei maximaler Auslastung.

b)   In welchem Bereich der Auslastung ist die Maschine A gegenüber der Maschine B im Vorteil?

c)   Stellen Sie die Sachverhalte aus a) und b) mit den dazugehörigen Gewinnfunktionen in einem Schaubild dar.

2. Lösung

Zu a):

Maschine A:

Abschreibung je Betriebsstunde: $\dfrac{50.000 - 4.500}{7.500} = 6,0\overline{6}$ Euro .

Zinsen pro Jahr: $\dfrac{50.000 + 4.500}{2} \cdot 0,06 = 1.635$ Euro .

Kostenfunktion Maschine A: $1.635 + (6,0\overline{6} + 10,60) \cdot$ Betriebsstunden

Kosten je Jahr bei 3.000 Betriebsstunden: 51.635 Euro

Erlös: 3.000 Std. · 40 Bauteile je Std. · 0,60 Euro je Bauteil = 72.000 Euro

Gewinn Maschine A bei Vollauslastung: 72.000 Euro − 51.635 Euro = 20.365 Euro

Maschine B:

Abschreibung je Betriebsstunde: $\dfrac{64.000 - 7.500}{8.000} = 7,0625$ Euro

Zinsen pro Jahr: $\dfrac{64.000 + 7.500}{2} \cdot 0,06 = 2.145$ Euro

Kostenfunktion Maschine A: $2.145 + (7,0625 + 10,50) \cdot$ Betr.stunden

Kosten je Jahr bei 3.000 Betriebsstunden: 54.832,50 Euro

Erlös: 3.000 Std. · 40 Bauteile je Std. · 0,63 Euro je Bauteil = 75.600 Euro

Gewinn Maschine A bei Vollauslastung: 75.600 Euro − 54.832,50 Euro = 20.767,50 Euro

Fazit: Nach der Gewinnvergleichsrechnung mit Jahresgewinnen ist Maschine B vorteilhafter.

Zu b):

Gewinnfunktion Maschine A:

$G_A = 0{,}60x - (1.635 + 16{,}6\overline{6}/40 \cdot x)$

Gewinnfunktion Maschine B:

$G_B = 0{,}63x - (2.145 + 17{,}5625/40 \cdot x)$

Gleichsetzung der Gewinnfunktionen zur Ermittlung der kritischen Menge, bei der die Gewinne gleich hoch sind:

$0{,}60x - 1.635 - 0{,}41666x = 0{,}63x - 2.145 - 0{,}4390625x$
$x = 67.069{,}08$ Stück pro Jahr

dafür werden 1.676,73 Betriebsstunden benötigt, das entspricht einer Auslastung von 55,89 % der maximalen jährlichen Kapazität, bei einer Auslastung unterhalb von 55,89 % oder 67.069,08 Bauteilen ist die Maschine A aufgrund ihrer geringeren fixen Kosten im Vorteil.

Zu c):

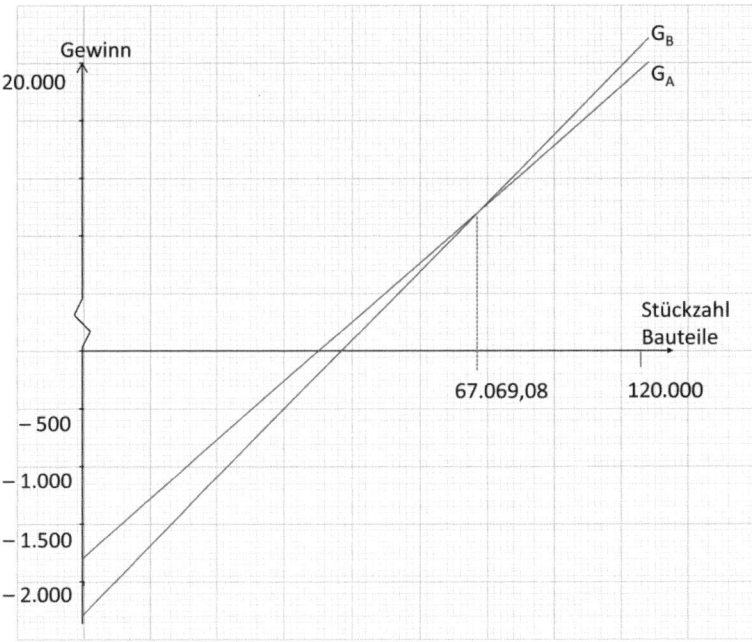

Abb. 12:   Gewinnfunktionen zu a) und b)

3. Hinweise zur Lösung

Bei der Aufgabenlösung ist die Normierung der Recheneinheiten auf Stück oder Betriebsstunden wichtig. Lösen lässt sich die Aufgabe mit beiden Recheneinheiten. Im Aufgabenteil a) wurde hier auf Ebene der Betriebsstunden gearbeitet. Die Zinsen werden beschäftigungsunabhängig pro Jahr gerechnet und bilden sich aus dem durchschnittlich gebundenen Kapital und dem Kalkulationszinssatz. Abschreibungen werden auf die Betriebsstunden herunter gerechnet, nicht zuletzt weil in der Aufgabe keine konkrete Nutzungsdauer in Jahren angegeben ist. Die Erlöse lassen sich pro Betriebsstunde ermitteln, in dem man die maximale Betriebsstundenanzahl mit der Stückzahl pro Stunde multipliziert und diese jährliche Ausbringungsmenge an Bauteilen mit dem Stückerlös zum Jahreserlös rechnet. Der Jahresgewinn ergibt sich aus der Gegenüberstellung der Erlöse und Kosten.

Im Aufgabenteil b) wird zunächst die kritische Menge errechnet, bei der die Gewinne der beiden Investitionsalternativen identisch sind. Die Berechnung der kritischen Menge (x) erfolgt durch Gleichsetzung der Gewinnfunktionen. Aus der Stückzahl lässt sich die Auslastung über die Betriebsstundenzahl ermitteln, bei der die Gewinne gleich hoch sind. Bei einer Auslastung unterhalb von 55,89 % ist die Maschine A aufgrund der geringeren Fixkosten vorteilhafter.

Bei der grafischen Lösungsdarstellung durch das Schaubild werden folgende Sachverhalte deutlich:

– beide Gewinnfunktionen starten bei ihren fixen Kosten im negativen Bereich;

– Maschine A tritt aufgrund der geringeren Fixkosten eher in den Gewinnbereich (Break-Even-Schwelle) ein als Maschine B;

– der Schnittpunkt der beiden Gewinnfunktionen zeigt die kritische Menge an, ab der die Maschine B vorteilhafter ist;

– bei Vollauslastung erzielt Maschine B den höheren Gewinn.

Die Aufgabe zeigt, dass bei unterschiedlichen Erlösen die Kostenbetrachtung zu einer falschen Entscheidung geführt hätte, denn hier ist die Maschine A im Vorteil. Erst durch den Einbezug der höheren Stückerlöse wird klar, dass die Maschine B bei voller Auslastung geringfügig im Vorteil ist.

4. Literaturempfehlung

Heinhold, Michael (1999): Investitionsrechnung. Studienbuch, 8. Auflage, München 1999, S. 59–62.

Hirth, Hans (2008): Grundzüge der Finanzierung und Investition, 2. Auflage, München 2008, S. 23–24.

Röhrich, Martina (2014): Grundlagen der Investitionsrechnung. Darstellung anhand einer Fallstudie, 2. Auflage, München 2014, S. 24–28.

Aufgabe 2:   Alternativvergleich mittels Kosten- und Gewinn-
vergleichsrechnung, Break-Even-Schwelle

Reproduktion, Wiedergabe des gelernten Wissens und Anwendung des Wissens	30

1. Aufgabenstellung

Für ein Eisenbahnverkehrsunternehmen kommen zwei Triebfahrzeugtypen in die engere Wahl für die Anschaffung. Die nachstehende Tabelle enthält die für die Investitionsrechnung relevanten Daten:

Tab. 22:   Investitionsrechnungen Triebfahrzeuge

	Triebfahrzeug A	Triebfahrzeug B
Anschaffungskosten:	4,5 Mio. Euro	4,1 Mio. Euro
Restwert:	0,1 Mio. Euro	kein Restwert
Zahlungswirksame Betriebs- kosten: 1. Fix pro Jahr: 2. pro km:	90.000 Euro 4,90 Euro	92.000 Euro 5,10 Euro
Nutzungsdauer:	15 Jahre	15 Jahre
Kalkulationszins:	6 %	6 %
Erlöse: Jährlicher Zuschuss Land: durchschn. Fahrgeldeinnahmen:	250.000 7,00 Euro pro km	240.000 6,90 Euro pro km

a)   Stellen Sie für beide Fahrzeuge eine Kostenfunktion auf.

b)   Wie hoch muss bei 300 geplanten Einsatztagen pro Jahr die Laufleistung der Fahrzeuge sein, damit die Jahreskosten der beiden Fahrzeuge gleich hoch sind?

c)   Bei welcher Laufleistung pro Jahr sind die Gewinne gleich hoch?

d)   Bei welcher Laufleistung liegt der Break-Even-Point (Gewinnschwelle: G = 0) des Fahrzeugs A?

e)   Bei welcher Laufleistung liegt der Break-Even-Point des Fahrzeugs B?

f)   Entscheiden Sie sich für eine der beiden vorgeschlagenen Investitionsalternativen, wenn die Laufleistung bei durchschnittlich 500 km pro Tag liegt und pro Jahr mit 300 Betriebstagen gerechnet werden kann. Wie hoch ist der Gewinnbeitrag über die gesamte Lebensdauer bei der gewählten Investitionsalternative?

2. Lösung

Zu a):

Triebfahrzeug A:

$$K = \frac{4.500.000 - 100.000}{15} + \frac{4.500.000 + 100.000}{2} \cdot 0,06 + 90.000 + 4,90x$$

$$K = 293.333,33 + 138.000 + 90.000 + 4,90x$$

$$K = 521.333,33 + 4,90x$$

Triebfahrzeug B:

$$K = \frac{4.100.000}{15} + \frac{4.100.000}{2} \cdot 0,06 + 92.000 + 5,10x$$

$$K = 273.333,33 + 123.000 + 92.000 + 5,10x$$

$$K = 488.333,33 + 5,10x$$

Zu b):

$$5,10x + 488.333.33 = 4,90x + 521.333,33$$

x = 165.000 km pro Jahr oder 550 km pro Tag

Zu c):

$$G_A = 250.000 + 7x - 521.333,33 - 4,90x$$

$$G_A = -271.333,33 + 2,10x$$

$$G_B = 240.000 + 6,90x - 488.333,33 - 5,10x$$

$$G_B = -248.333,33 + 1,80x$$

$$-271.333,33 + 2,10x = -248.333,33 + 1,80x$$

x = 76.666,67 km pro Jahr oder bei 255,56 km pro Tag

Zu d):

$$-271.333,33 + 2,10x = 0$$

x = 129.206,34 km pro Jahr oder 430,69 km pro Tag

Zu e):

$-248.333,33 + 1,80x = 0$

$x = 137.962,96$ km pro Jahr oder 459,88 km pro Tag

Zu f):

Fahrzeug A ist bei 500 km pro Tag besser, vgl. Ergebnisse aus c), d) und e)
Rechnerischer Beweis:

$G_A = (-271.333,33 + 2,10 \cdot 150.000) \cdot 15 = 655.000,05$

$G_B = (-248.333,33 + 1,80 \cdot 150.000) \cdot 15 = 325.000,05$

3. Hinweise zur Lösung

Die Aufgabe geht auf Kenntnisse der Kosten- und Gewinnvergleichsrechnung zurück. Die Herausforderung liegt in der richtigen Einordnung der relevanten Daten der beiden Investitionsmöglichkeiten. Die Behandlung der Anschaffungskosten, des Restwerts, der Betriebskosten, der Nutzungsdauer und des Kalkulationszinses sind in vorherigen Aufgaben ausreichend erläutert worden. Der jährliche Zuschuss des Landes ist als Fixerlöse unabhängig von der Fahrleistung zu sehen. Die durchschnittlichen Fahrgeldeinnahmen sind offensichtlich von der Kapazität der Fahrzeuge abhängig und unterscheiden sich nur unwesentlich.

Die Aufstellung der Kostenfunktion in a) erfolgt nach dem bekannten Muster. Die gefahrenen Kilometer (x) stellen hier die variable Kosteneinflussgröße dar. Die Gleichsetzung der beiden Kostenfunktionen in b) ergibt die Kilometerzahl, bei der beide Fahrzeuge gleich hohe Kosten verursachen.

Für die Ermittlung der identischen Gewinne in c) sind die Herleitungen der Gewinnfunktionen beider Fahrzeuge und deren Gleichsetzung notwendig. Der Landeszuschuss wird hier als Fixerlös betrachtet. Bei der errechneten Kilometerzahl ergibt sich jedoch ein identischer Verlust (negativer Gewinn) der beiden Fahrzeuge. Erkennbar ist dieser Sachverhalt an den höher liegenden Break-Even-Marken der beiden Investitionen in d) und e).

Die jeweiligen Break-Even-Schwellen (Gewinnschwellen) in d) und e) lassen sich berechnen, in dem man den Gewinn gleich null setzt. Bei 500 km pro Tag ist Fahrzeug A vorteilhaft, weil dessen Erfolg oberhalb von 255,56 km pro Tag besser verläuft (siehe c)), und weil die Gewinnschwelle früher erreicht wird (siehe d) und e)).

Rechnerisch lässt sich dieses Ergebnis einfach beweisen, in dem man die Gewinne der beiden Fahrzeuge über die gesamte Lebensdauer ermittelt. Die Jahresleistung ergibt sich aus 500 km pro Tag multipliziert mit 300 Einsatztagen. Die Multiplikation mit 15 leitet sich aus der Nutzungsdauer von 15 Jahren ab.

4. Literaturempfehlung

Heinhold, Michael (1999): Investitionsrechnung. Studienbuch, 8. Auflage, München 1999, S. 59–62.

Hirth, Hans (2008): Grundzüge der Finanzierung und Investition, 2. Auflage, München 2008, S. 23–24.

Röhrich, Martina (2014): Grundlagen der Investitionsrechnung. Darstellung anhand einer Fallstudie, 2. Auflage, München 2014, S. 24–28.

Aufgabe 3:   Alternativvergleich im Rahmen einer Standortwahl

Reproduktion, Wiedergabe des gelernten Wissens und Anwendung des Wissens	15

1. Aufgabenstellung

Ein Einzelhändler möchte zu seinem bereits bestehenden Ladengeschäft eine Filiale in einem anderen Stadtteil eröffnen. Ihm stehen zwei bereits etablierte und voll eingerichtete Ladengeschäfte zur Auswahl:

Tab. 23: Auswahlkriterien Ladengeschäft

Merkmal bezogen auf ein Geschäftsjahr	Objekt A	Objekt B
Umsatz	2.500.000 Euro	3.400.000 Euro
Kaufpreis Ladengeschäft	290.000 Euro	450.000 Euro
Zu finanzierender Lagerbestand	580.000 Euro	780.000 Euro
Wareneinsatz	60 % des Umsatzes	60 % des Umsatzes
Personalkosten	765.200 Euro	993.200 Euro
Miete, Betriebskosten und Reinvestitionen	140.000 Euro	250.000 Euro
Kalkulationszins	6 %	6 %

Welches Objekt sollte er nach den hier vorliegenden Erwartungen für seine Filiale wählen, wenn er die Gewinnvergleichsmethode als Entscheidungshilfe heranzieht?

2. Lösung

$G_{A/B}$ = Umsatz − [Zinsen + Wareneinsatz + Personalkosten + Miete / Betriebskosten]

G_A = 2.500.000 Euro − [(290.000 Euro + 580.000 Euro)

· 0,06 + 2.500.000 Euro · 0,6 + 765.200 Euro + 140.000 Euro]

G_A = +42.600 Euro

G_B = 3.400.000 Euro − [(450.000 Euro + 780.000 Euro)

· 0,06 + 3.400.000 Euro · 0,6 + 993.200 Euro + 250.000 Euro]

G_B = +43.000 Euro

Das Objekt B verdient mit 43.000 Euro einen um 400 Euro höheren Gewinn pro Geschäftsjahr und wäre bei Anwendung der Gewinnvergleichsrechnung gegenüber Objekt A im Vorteil.

3. Hinweise zur Lösung

Bei der Ermittlung der Kosten fallen hier keine Abschreibungen an. Es kann unterstellt werden, dass die Kaufpreise der zu übernehmenden Ladengeschäfte gehalten werden können, wenn sich die Rahmendaten (Umsatz, Wareneinsatz, Handlungskosten) in der Branche nicht gravierend ändern.

Das durchschnittlich gebundene Kapital setzt sich aus dem über die Laufzeit konstanten Kaufpreis des Ladengeschäfts und dem zu finanzierenden Lagerbestand zusammen. Der Wareneinsatz ergibt sich aus dem Umsatz und die übrigen Kosten sind lediglich zu addieren. Die Reinvestitionen betreffen augenscheinlich die Ladeneinrichtung und sorgen dafür, dass der Kaufpreis des Ladengeschäfts gehalten werden kann, wenn die übrigen Parameter (Umsatz, Wareneinsatz und Handlungskosten) sich nicht verändern.

4. Literaturempfehlung

Heinhold, Michael (1999): Investitionsrechnung. Studienbuch, 8. Auflage, München 1999, S. 59–62.

Hirth, Hans (2008): Grundzüge der Finanzierung und Investition, 2. Auflage, München 2008, S. 23–24.

Röhrich, Martina (2014): Grundlagen der Investitionsrechnung. Darstellung anhand einer Fallstudie, 2. Auflage, München 2014, S. 24–28.

Aufgabe 4:   Gewinnvergleichsrechnung bei Wertsteigerung

Anwendung des Wissens auf andere Bereiche   **10**

1. Aufgabenstellung

Einem Investor liegen zwei Immobilien mit folgenden Daten bzw. Prognosen zur Auswahl vor:

Tab. 24: Daten für die Gewinnvergleichsrechnung bei Wertsteigerung von Immobilien

	Neuwertige Luxusimmobilie	Standardimmobilie
Kaufpreis	160.000 Euro	110.000 Euro
Fläche	55 m^2	100 m^2
Erzielbare Monatsmiete	550 Euro	650 Euro
Jährliche Instandhaltung	720 Euro	1.500 Euro
Jährliche Wertsteigerung	2 %	1 %
Beabsichtigte Haltedauer	10 Jahre	10 Jahre

Als Kalkulationszins werden 6 % berücksichtigt. Treffen Sie eine Vorteilhaftigkeitsentscheidung mit Hilfe der Gewinnvergleichsrechnung.

2. Lösung

Luxusimmobilie:

Verkaufserlös nach 10 Jahren: 160.000 Euro $\cdot$ 1,02^{10} = 195.039 Euro

G = Erlöse – Kosten

$$G_{Luxus} = 12 \cdot 550 - \left(\frac{160.000 - 195.039}{10} + \frac{160.000 + 195.039}{2} \cdot 0,06 + 720 \right)$$

$$= -1.267,27$$

Standardimmobilie:

Verkaufserlös nach 10 Jahren: 110.000 Euro $\cdot$ 1,01^{10} = 121.508 Euro

$$G_{Stand.} = 12 \cdot 650 - \left(\frac{110.000 - 121.508}{10} + \frac{110.000 + 121.508}{2} \cdot 0,06 + 1.500 \right)$$

$$= +505,56$$

Während die Luxusimmobilie nicht in den Gewinnbereich gelangt, erwirtschaftet die Standardimmobilie einen durchschnittlichen Periodengewinn von 505,56 Euro und ist damit gegenüber der Luxusimmobilie im Vorteil.

3. Hinweise zur Lösung

Die Wertsteigerungen, die bei Immobilien bei regelmäßiger Instandhaltung durchaus beobachtbar sind, wirken auf die klassischen Kostenbestandteile Abschreibungen und Zinsen anders, als man es bei normaler Anwendung der Kosten- oder Gewinnvergleichsrechnung kennt.

Es finden keine Werteverzehre statt, die Immobilien gelangen aufgrund von Inflation und Marktverhältnissen (Nachfrage, Lage usw.) im vorliegenden Fall zu Wertsteigerungen. Insofern kehren sich die klassischen Abschreibungen in Zuschreibungen während der Laufzeit um. Bei strenger Anwendung der Methode ergeben sich negative Abschreibungen (hier als Zuschreibung interpretiert):

$$\text{z. B. Luxusimmobilie:} \quad \frac{160.000\,\text{Euro} - 195.039\,\text{Euro}}{10\,\text{Jahre}} = -3.503,90\,\text{Euro}$$

Bei den Zinsen verhält es sich auch so. Durch die Wertsteigerung erhöht sich das durchschnittlich gebundene Kapital der Investition. Der Investor setzt zwar zu Investitionsbeginn nur den Kaufpreis ein, er verzichtet aber in jedem Jahr auf die Realisation der jeweiligen Wertsteigerung und einer anderweitigen Anlage dieser Steigerung. Insofern entgehen ihm Opportunitätszinsen, die er hier als Kosten ansetzt.

4. Literaturempfehlung

Hirth, Hans (2008): Grundzüge der Finanzierung und Investition, 2. Auflage, München 2008, S. 25–27.

Kruschwitz, Lutz (2009): Investitionsrechnung, 12. Auflage, München 2009, S. 35–37.

Röhrich, Martina (2014): Grundlagen der Investitionsrechnung. Darstellung anhand einer Fallstudie, 2. Auflage, München 2014, S. 29–32.

4.1.3   Rentabilitätsvergleichsrechnung

Aufgabe 1:   Gewinnermittlung und statische Rentabilität vor Zinsen einer Einzelinvestition

Reproduktion, Wiedergabe des gelernten Wissens und Anwendung des Wissens	**20**

1. Aufgabenstellung

Ein Unternehmen führt Investitionen nur durch, wenn eine Investition eine 15 %ige Rentabilität vor Zinsen gewährleistet.

Zur Entscheidung steht folgender Fall an:

Anschaffungskosten:	100.000 Euro
Nutzungsdauer:	8 Jahre
Restwert:	5.000 Euro
Kapazität:	15.000 Stück pro Jahr
Zahlungswirksame Fixkosten ohne Abschreibung und Zins:	19.000 Euro/Jahr
Zahlungswirksame Variable Kosten:	90.000 Euro bei 15.000 Stück
Verkaufspreis je Stück:	9,00 Euro/Stück
Kalkulationszins:	8 %

a)   Ermitteln Sie den Gewinnbeitrag p. a. der Investition bei Vollauslastung.

b)   Wie hoch ist die statische Rentabilität der Investition vor Zinsen bei Vollauslastung?

c)   Auf welchen Wert darf die Auslastung sinken, damit gerade noch die geforderte Rentabilität erreicht wird?

2. Lösung

Zu a):

$$G = 15.000 \cdot 9,00 - \left(\frac{100.000 - 5.000}{8} + \frac{100.000 + 5.000}{2} \cdot 0,08 + 19.000 + 90.000 \right)$$

$$G = 9.925$$

Zu b):

Gewinn vor Zinsen = Gewinn + Zinsen

hier: $9.925 + 4.200 = 14.125$

$$\text{Rentabilität} = \frac{\text{durchschnittlicher Erfolgsbetrag}}{\text{durchschnittlicher Kapitalbetrag}}$$

Hier:

$$\frac{14.125}{52.500} = 26{,}9\ \%$$

Zu c):

Geforderter Erfolgsbeitrag bei 15 % Rentabilität vor Zinsen:

$$0{,}15 \cdot 52.500 = 7.875$$

$$7.875 = 9{,}00x - \left(11.875 + 19.000 + 6x\right)$$

$$x = 12.916{,}66$$

Die Stückzahl darf auf 12.916 oder 12.917 sinken, damit die geforderte Rentabilität vor Zinsen gerade noch erreicht wird. Diese Stückzahl entspricht einer Auslastung von 86,11 % der Maximalkapazität.

3. Hinweise zur Lösung

Die Gewinnermittlung in Teil a) ist eine Wiederholung des Kapitels 4.1.2 Gewinnvergleichsrechnung und dürfte keine Neuigkeiten in der Lösungsfindung enthalten.

Im Teil b) ist ausdrücklich nach der Rentabilität vor Zinsen gefragt. Insofern muss der Gewinnbeitrag aus a) um die Zinsen erhöht werden. Der neue Erfolgsbeitrag vor Zinsen der Investition liegt nunmehr bei 14.125 Euro. Als Kapitaleinsatz wird das durchschnittlich gebundene Kapital herangezogen. Es errechnet sich wie folgt:

$$\frac{\text{Anfangskapital} + \text{Restwert}}{2} \qquad \text{hier:} \qquad \frac{100.000 + 5.000}{2} = 52.500\ \text{Euro}\,.$$

Die zu errechnende Rentabilität ergibt sich aus der Division des durchschnittlichen Erfolgs und des durchschnittlichen Kapitaleinsatzes.

Bei der Errechnung der Mindestauslastung in c) ist zunächst der geforderte Erfolgsbeitrag auf den Kapitaleinsatz bei 15 %iger Rentabilität zu ermitteln. Er beträgt 7.875 Euro. Anschließend ist die Stückzahl zu errechnen, bei der der Erfolgsbeitrag erreicht wird. Die Gewinnfunktion wird hier leicht modifiziert: Die Zinsen müssen eliminiert werden, da es sich um einen Erfolgsbeitrag vor Zinsen handelt; die variablen Kosten pro Stück müssen ermittelt werden. Geht man davon aus, dass sich die 90.000 Euro variable Kosten bei einer Ausbringungsmenge von 15.000 Stück proportional verhalten (d. h. auf jede Mengeneinheit entfallen gleich hohe variable Kosten), entfallen auf jede Mengeneinheit 6 Euro variable Kosten. Die Auflösung der so modifizierten Gewinnfunktion ergibt eine Mindeststückzahl von 12.916,67. Dies entspricht einer Auslastung von 86,11 % (12.917/15.000).

4. Literaturempfehlung

Hirth, Hans (2008): Grundzüge der Finanzierung und Investition, 2. Auflage, München 2008, S. 25–27.

Kruschwitz, Lutz (2009): Investitionsrechnung, 12. Auflage, München 2009, S. 35–37.

Röhrich, Martina (2014): Grundlagen der Investitionsrechnung. Darstellung anhand einer Fallstudie, 2. Auflage, München 2014, S. 29–32.

Aufgabe 2:   Statische Rentabilität nach Zinsen gemäß den Vorgaben aus Aufgabe 1

Reproduktion, Wiedergabe des gelernten Wissens und Anwendung des Wissens	5

1. Aufgabenstellung

Führen Sie mit den Daten der Aufgabe 1 zur Rentabilitätsvergleichsrechnung eine Berechnung der Rentabilität nach Zinsen bei Maximalauslastung durch und interpretieren Sie den Unterschied im Ergebnis.

2. Lösung

$$\text{Rentabilität} = \frac{\text{Durchschnittsgewinn}}{\text{Durchschnittskapitaleinsatz}}.$$

Hier:

$$\frac{9.925}{52.500} = 18,90 \text{ \%}$$

Interpretation: Die Rentabilität vor Zinsen betrug 26,9 %. Da die Zinskosten mit 8 % Eingang in die Gewinnermittlung fanden, beträgt die Rentabilität nach Zinsen 18,9 % und liegt damit exakt um den Zins niedriger.

Für Investitionsentscheidungen ist es nach überwiegender Auffassung besser, die Rentabilität vor Zinsen zu errechnen, denn man möchte ja gerade wissen, wie sich das investierte Kapital verzinst. Bei einer solchen Fragestellung würden Zinskosten die Aussagekraft der Rechnung einschränken, denn dann hängt die Verzinsung von der Höhe des kalkulatorischen Zinses ab.

Rein rechentechnisch lässt sich, wie in obiger Rechnung gezeigt, durch die Differenzenbildung schnell von der einen zur anderen Rentabilität rechnen.

3. Hinweise zur Lösung

Siehe Lösungsweg.

4. Literaturempfehlung

Kruschwitz, Lutz (2009): Investitionsrechnung, 12. Auflage, München 2009, S. 35 –37.

Aufgabe 3:   Kritische Auseinandersetzung mit der Rentabilitäts-
               vergleichsrechnung

Evaluation, Kritische Wissensbewertung   15

1. Aufgabenstellung

Ein Fuhrunternehmen steht vor der Frage, ob ein gut ausgestatteter PKW für exklusive Chauffeurdienste angeschafft werden sollte oder ob man einen Reisebus kauft. Für die beiden Investitionsobjekte sind folgende Werte ermittelt worden:

PKW:

Anschaffungskosten:	80.000 Euro
Restwert:	30.000 Euro
Nutzungsdauer:	4 Jahre
durchschnittliche jährliche Erfolge vor Zinsen:	11.000 Euro

Reisebus:

Anschaffungskosten:	180.000 Euro
Restwert:	20.000 Euro
Nutzungsdauer:	6 Jahre
durchschnittliche jährliche Erfolge vor Zinsen:	17.000 Euro

a)   Ermitteln Sie die statische Rentabilität der beiden Investitionen.
b)   Prüfen Sie, ob die statische Rentabilitätsvergleichsrechnung in dem hier vorliegenden Fall tauglich ist. Begründen Sie Ihr Ergebnis kurz.

2. Lösung

Zu a):

PKW:

$$\text{Rentabilität} = \frac{11.000}{\dfrac{80.000 + 30.000}{2}} = 20\ \%$$

Reisebus:

$$\text{Rentabilität} = \frac{17.000}{\dfrac{180.000 + 20.000}{2}} = 17\ \%$$

Zu b): In diesem Fall stimmen Investitionssummen und Laufzeiten nicht miteinander überein. Legt man für eine Investitionsentscheidung die Rentabilitätsvergleichsrechnung zugrunde, fällt die Wahl auf den PKW, weil sich hier eine höhere Rendite erzielen lässt.

Die Rentabilitätsvergleichsrechnung unterstellt hier jedoch zwei Annahmen, die in der Realität hinterfragt werden sollten:

i. Die Methode führt nur dann zu richtigen Entscheidungen, wenn auch der Differenzbetrag der Investitionen (hier 100.000) zu 20 % angelegt werden kann. Ist das nicht der Fall, muss wie bei der Gewinnvergleichsrechnung unterstellt werden, dass der Differenzbetrag keinen oder einen geringeren Ertrag erwirtschaftet. Nur so können unterschiedlich hohe Investitionen miteinander verglichen werden.

ii. Die Laufzeiten der Investitionen sind hier nicht identisch. Die Frage, was in den Jahren fünf und sechs mit den Mitteln der PKW-Investition geschieht, ist bei der Rentabilitätsvergleichsrechnung unbefriedigend gelöst.

Fazit: Die Rentabilitätsvergleichsrechnung führt nur dann zu vernünftigen Entscheidungen, wenn Investitionsdauer und Kapitaleinsatz der zu vergleichenden Investitionen übereinstimmen. Ist das nicht der Fall, sind weitergehende Überlegungen hinsichtlich des Differenzbetrages und der Investitionsdauerabweichung anzustellen.

3. Hinweise zur Lösung

Siehe Lösungsweg.

4. Literaturempfehlung

Kruschwitz, Lutz (2009): Investitionsrechnung, 12. Auflage, München 2009, S. 35–37.

Aufgabe 4: Überprüfung des Ergebnisses aus Aufgabe 3 zur Gewinnvergleichsrechnung

Reproduktion, Wiedergabe des gelernten Wissens und Anwendung des Wissens	**10**

1. Aufgabenstellung

Der Einzelhändler, dem in Aufgabe 3 bei der Gewinnvergleichsrechnung (vgl. Abschnitt 4.1.2) das Objekt B aufgrund des höheren Periodengewinns empfohlen wurde, ist sich nicht sicher und bittet Sie um eine Berechnung der Vorteilhaftigkeit der beiden Objekte auf Basis der Rentabilitätsvergleichsrechnung. Erklären Sie ihm etwaige Unterschiede zur Gewinnvergleichsrechnung und treffen Sie eine Aussage, welche der beiden Methoden für den vorliegenden Fall brauchbarer ist.

2. Lösung

$$\text{Rentabilität} = \frac{\text{Vorzinsgewinn}}{\text{Durchnittskapital}}$$

$$R_A = \frac{42.600 + 52.200}{290.000 + 580.000} = 10,9\,\%$$

$$R_B = \frac{43.000 + 73.800}{450.000 + 780.000} = 9,5\,\%$$

Nach der Rentabilitätsvergleichsrechnung ist das Objekt A gegenüber dem Objekt B im Vorteil. Der Grund für das unterschiedliche Ergebnis zwischen Gewinn- und Rentabilitätsvergleich liegt in der unterschiedlichen Höhe des durchschnittlich gebundenen Kapitals begründet. Objekt A bindet durchschnittlich 870.000 Euro und erzielt damit ein Durchschnittsergebnis vor Zinsen von 94.800 Euro, während Objekt B eine durchschnittliche Kapitalbindung von 1.230.000 Euro bei einem Vorzinsgewinn von 116.800 Euro aufweist.

Generell ist die Rentabilitätsvergleichsrechnung der Gewinnvergleichsrechnung überlegen, wenn die Investitionsobjekte unterschiedliche Kapitaleinsätze aufweisen.[17] Die Frage ist jedoch, was mit der Differenzsumme (hier: 1.230.000 Euro − 870.000 Euro = 360.000 Euro) der beiden Investitionen passiert. Die Unterstellung, dieser Betrag könne ebenfalls zu 10,9 % angelegt werden, dürfte wenig realistisch sein.

---

[17] Vgl. Röhrich (2014), S. 32.

Unterstellt man eine Anlage der Differenzinvestitionssumme zum Kalkulationszins, ergibt sich folgende neue Rentabilität des Objektes A:

$$R_{Aneu} = \frac{\text{Gewinn} + \text{Zins}_A + \text{Zins}_{Diff.}}{\text{Ladenpreis} + \text{Lager} + \text{Differenzinvestition}}$$

$$R_{Aneu} = \frac{42.600 + 52.200 + 21.600}{290.000 + 580.000 + 360.000} = 9,46\ \%$$

Die durch die Differenzinvestition modifizierte neue Rentabilität lässt sich auch als Mischzins der Kapitalanteile aus Ursprungs- und Differenzinvestition errechnen:

$$R_{Aneu} = \frac{\text{Kapital}_A}{\text{Gesamtkapital}} \cdot R_A + \frac{\text{Kapital}_{Diff.}}{\text{Gesamtkapital}} \cdot R_{Diff.}$$

$$R_{Aneu} = \frac{870.000}{1.230.000} \cdot 10,9\ \% + \frac{360.000}{1.230.000} \cdot 6\ \% = 9,46\ \%$$

Mit 9,46 % liegt die Rentabilität des Objektes A geringfügig unter der des Objektes B (9,5 %). Insofern bringt die Rentabilitätsvergleichsrechnung für den Einzelhändler wenig neue Erkenntnisse. Die Methode verstärkt eher den Eindruck, dass beide Objekte hinsichtlich des Erfolges eng beieinander liegen.

3. Hinweise zur Lösung
Siehe Lösungsweg.

4. Literaturempfehlung
Röhrich, Martina (2014): Grundlagen der Investitionsrechnung. Darstellung anhand einer Fallstudie, 2. Auflage, München 2014, S. 32.

4.1.4   Statische Amortisationsrechnung

Aufgabe 1:   Amortisationsrechnung nach Durchschnitts- und Kumulationsrechnung

Reproduktion, Wiedergabe des gelernten Wissens und Anwendung des Wissens	15

1. Aufgabenstellung

Die Tischlerei Hein Buche GmbH benötigt eine neue Holz-Spaltmaschine, um Kaminholz zu spalten. Die Maschine verliert mit der Zeit ihre Spaltkraft, sodass die Ausbringungungsmenge des Kaminholzes – und damit der jährliche Rückfluss – im Zeitverlauf abnimmt. Der Inhaber geht bei der Anschaffung von folgenden Daten aus:

Tab. 25: Daten zur Amortisationsrechnung Holz-Spaltmaschine

Bezeichnung	Investitionsobjekt Spaltmaschine
Amortisationszeit **maximal** zulässig	2 Jahre
Nutzungsdauer	5 Jahre
Anschaffungskosten	90.000 Euro
Restwert	0 Euro
Rückflüsse im 1. Jahr	50.000 Euro
In jedem weiteren Jahr 10.000 Euro weniger	

a) Beurteilen Sie die Vorteilhaftigkeit mit Hilfe der Durchschnittsrechnung.
b) Beurteilen Sie die Vorteilhaftigkeit mit Hilfe der Kumulationsrechnung.
c) Begründen Sie, welches Ergebnis für die Investitionsentscheidung gewählt werden sollte.
d) Ordnen Sie grundsätzlich den Stellenwert der Amortisationsrechnung ein.

2. Lösung

Zu a):

$$\text{Durchschnittsrückfluss} = \frac{50.000 + 40.000 + 30.000 + 20.000 + 10.000}{5} = 30.000$$

$$\text{Amortisationszeit} = \frac{90.000}{30.000} = 3\,\text{Jahre}$$

Zu b):

Tab. 26:   Tabelle zur Amortisationsrechnung mit Hilfe der Kumulationsrechnung

Jahr	Rückfluss	Kum. Rückfluss	Anschaffungskosten abzgl. kum. Rückflüsse
1	50.000	50.000	40.000
2	40.000	90.000	0

Zu c): Da die Rückflüsse im vorliegenden Fall kontinuierlich abnehmen, ist die Durchschnittsrechnung zu ungenau. Die Kumulationsrechnung zeigt, dass exakt nach zwei Jahren eine Amortisation vorliegt. Insofern führt die genauere Kumulationsrechnung aufgrund ihres genaueren Ergebnisses zur richtigen Entscheidung.

Zu d): Die Amortisationsrechnung zeigt anders als die Gewinn- und Rentabilitätsvergleichsrechnung einen Zeitraum an, innerhalb dessen eine Rückgewinnung des Investitionsvolumens eintritt. Die Amortisationsrechnung wird aufgrund ihres Informationsgehalts als zusätzliche Methode herangezogen. Widersprüche in Verbindung mit dem Einsatz anderer Methoden können sich durchaus ergeben, wenn hohe Rückflüsse erst relativ spät oder gar zum Ende der Investitionszeit (z. B. der Restwert) eintreten. In diesen Fällen kann die zulässige Amortisationszeit überschritten sein, obwohl die Investition über die gesamte Dauer durchaus lohnenswert ist. In diesen Fällen muss der Entscheider abwägen, ob er das Risiko einer späten Amortisation tragen möchte.
Fazit: Die Amortisationsrechnung ist aufgrund ihrer Einfachheit in Anwendung und Aussage gut nutzbar; sie sollte jedoch mit anderen Verfahren kombiniert werden, weil sie lediglich über die Dauer einer Amortisation, nicht jedoch über den absoluten oder relativen Erfolg Auskunft gibt.

3. Hinweise zur Lösung
Siehe Lösungsweg.

4. Literaturempfehlung
Heinhold, Michael (1999): Investitionsrechnung. Studienbuch, 8. Auflage, München 1999, S. 69–74.

Kruschwitz, Lutz (2009): Investitionsrechnung, 12. Auflage, München 2009, S. 37–41.

Röhrich, Martina (2014): Grundlagen der Investitionsrechnung. Darstellung anhand einer Fallstudie, 2. Auflage, München 2014, S. 33–37.

Aufgabe 2:   Ermittlung des Rückflusses zur Anwendung der
               Amortisationsrechnung

Anwendung des Wissens auf andere Bereiche   15

1. Aufgabenstellung

Ein Taxiunternehmer möchte die Amortisationszeit eines Taxis errechnen:

Anschaffungspreis:	45.000 Euro
Restwert:	5.000 Euro
Investitionsdauer:	3 Jahre
Fahrgeldeinnahmen:	48.000 Euro pro Jahr
Benzin, Steuern, Versicherung, Personal-aufwand, Reparaturen, sonstige zahlungs-wirksame Kosten:	28.000 Euro pro Jahr
Kalkulationszinssatz:	8 %

2. Lösung

Direkte Ermittlung des jährlichen Rückflusses:

Fahrgeldeinnahmen	48.000 Euro
zahlungswirksame Kosten	− 28.000 Euro
jährlicher Rückfluss	+ 20.000 Euro

Indirekte Ermittlung des jährlichen Rückflusses über den Gewinn:

Fahrgeldeinnahmen	48.000 Euro
Abschreibungen	− 13.333 Euro
Zinsen	− 2.000 Euro
zahlungswirksame Kosten	− 28.000 Euro
Gewinn	+ 4.667 Euro

Gewinn	+ 4.667 Euro
+ Abschreibungen	13.333 Euro
+ Zinsen	2.000 Euro
jährlicher Rückfluss	20.000 Euro

$$\text{Amortisationszeit} = \frac{45.000 - 5.000}{20.000} = 2\,\text{Jahre}$$

Genauere Betrachtung der Rückflüsse:

Der Liquidationserlös wird als Rückflussbestandteil der letzten Nutzungsperiode aufgefasst.

Tab. 27: Darstellung der Rückflüsse

Jahr	Rückfluss	Kum. Rückfluss	Anschaffungskosten abzgl. kum. Rückflüsse
1	20.000	20.000	25.000
2	20.000	40.000	5.000
3	25.000	65.000	− 20.000

Die Amortisation bei dieser Betrachtung findet im dritten Investitionsjahr statt und kann durch Interpolation wie folgt genauer bestimmt werden:

Rückfluss im dritten Investitionsjahr: 25.000
benötigter Rückfluss bis Amortisation: 5.000
interpolierte Zeit für benötigten Rückfluss:

$$\frac{5.000}{25.000} = 0,2 \,\text{Jahre}$$

Die somit ermittelte gesamte Amortisationsdauer beträgt hier 2,2 Jahre.

3. Hinweise zur Lösung

Bei der Amortisation geht man von den bislang in der statischen Investitionsrechnung verwendeten Rechengrößen Erlöse und Kosten zu zahlungsorientierten Rechengrößen. Der Weg von Erlösen und Kosten macht es notwendig, nur zahlungswirksame Elemente zu berücksichtigen. Diese Transformation kann auf direktem Wege geschehen, in dem man zur Rückflussermittlung nur zahlungswirksame Erlöse und Kosten gegenüberstellt. Beim indirekten Weg, der auch in der einfachen Cash-flow-Ermittlung angewendet wird, addiert man zum Gewinn die nicht zahlungswirksamen Aufwendungen hinzu und gelangt so zum Rückfluss.

Strittig ist in diesem Fall, ob die Zinsen zum Gewinn hinzugerechnet werden sollen.[18] Eine Hinzurechnung scheint gerechtfertigt, wenn die Zinsen nur kalkulatorischen Charakter haben und nicht als Zahlungsmittel abfließen. Anders sieht die Sache aus, wenn

---

[18] Vgl. dazu Kruschwitz (2009), S. 39 und Röhrich (2014), S. 34.

Kapitalgeber eine zahlungswirksame Verzinsung während der Investitionsdauer erwarten. In diesen Fällen mindern die Zinszahlungen die amortisationswirksamen Rückflüsse. Da aber grundsätzlich bei zahlungsorientierter Betrachtungsweise eine strikte Trennung zwischen Investition und Finanzierung erfolgt, kann der Hinzurechnung der Zinsen zum Gewinn zugestimmt werden.

Die einfache Variante zur Ermittlung der Amortisationszeit verwendet die Formel $\dfrac{\text{Anschaffungswert} - \text{Restwert}}{\text{jährliche Rückflüsse}}$. Da die hier ermittelten jährlichen Rückflüsse aus der Durchführung der Investition gleich hoch sind, kann die Durchschnittsrechnung ohne Probleme angewendet werden. Man kommt dann zu einer Amortisationszeit von genau zwei Jahren.

Betrachtet man den Liquidationserlös als Rückflusselement des letzten Nutzungsjahres, ergeben sich ungleiche Rückflüsse. Zwar könnte man auch hier die Durchschnittsmethode ansetzen, die Lösung wird aber zu ungenau.

$$\left(\frac{40.000}{\dfrac{20.000 + 20.000 + 25.000}{3}} = 1,85\,\text{Jahre} \right)$$

Besser ist es in diesem Fall, die Kumulationsmethode zu verwenden. Nach zwei Jahren betragen die Anschaffungskosten abzüglich der kumulierten Rückflüsse noch 5.000 Euro, es liegt also noch keine Amortisation vor. Der Rückfluss des dritten Investitionsjahres beträgt 25.000 Euro, die Amortisation findet also im dritten Jahr statt. Genauere Aussagen zum Amortisationszeitpunkt lassen sich näherungsweise über die Interpolation erreichen, in dem per Dreisatz nach der Zeitspanne gefragt wird, die nötig ist, um den restlichen Rückfluss (hier 5.000 Euro) bis zur Amortisation zu verdienen.

4. Literaturempfehlung

Heinhold, Michael (1999): Investitionsrechnung. Studienbuch, 8. Auflage, München 1999, S. 69–74.

Kruschwitz, Lutz (2009): Investitionsrechnung, 12. Auflage, München 2009, S. 37–41.

Röhrich, Martina (2014): Grundlagen der Investitionsrechnung. Darstellung anhand einer Fallstudie, 2. Auflage, München 2014, S. 33–37.

Aufgabe 3:   Alternativvergleich mit kritischer Würdigung der
             Amortisationsrechnung

Reproduktion, Wiedergabe des gelernten Wissens und Anwendung des Wissens	10

1. Aufgabenstellung

Ein Fährmann am Rhein möchte eine neue Fähre anschaffen. In die engere Auswahl
kommen zwei Fähren mit folgenden Daten:

Tab. 28:   Tabelle zur Auswahl einer neuen Fähre

	Titanic	Traumschiff
Anschaffungsausgabe	800.000 Euro	750.000 Euro
Nutzungsdauer	25 Jahre	20 Jahre
Jährliche Rückflüsse	70.000 Euro	75.000 Euro
Restwert	0 Euro	0 Euro

a)   Für welche Fähre entscheidet sich der Investor, wenn er nach der Amortisati-
     onsrechnung entscheidet?

b)   Ist es in diesem Fall sinnvoll, die Investitionsentscheidung allein mit der Amor-
     tisationsrechnung zu treffen? Begründen Sie Ihre Antwort kurz.

2. Lösung

Zu a):

Amortisationszeit Titanic:

$$t = \frac{800.000}{70.000} = 11,43 \text{ Jahre} \qquad \frac{11,43 \text{ Jahre}}{25 \text{ Jahre}} = 45,72\,\% \qquad \text{der Gesamtnutzungsdauer.}$$

Amortisationszeit Traumschiff:

$$t = \frac{750.000}{75.000} = 10 \text{ Jahre} \qquad \frac{10 \text{ Jahre}}{20 \text{ Jahre}} = 50\,\% \qquad \text{der Gesamtnutzungsdauer.}$$

Mit Blick auf die absolute Amortisationszeit ist das Traumschiff vorteilhafter, weil
kurze Amortisationszeiten günstiger sind.

Die relative Amortisationszeit mit Berücksichtigung der Gesamtnutzungsdauer zeigt hier ein anderes Ergebnis. Danach ist die Titanic im Vorteil, weil sie bereits nach 44,72 % der Gesamtnutzungsdauer amortisiert ist.

Zu b): Die Amortisationsrechnung gibt Auskunft über die Zeit, in der die Rückflüsse der investierten Mittel zurückverdient werden. Über den Erfolg von Investitionen kann die Methode keine Auskunft geben. Bei bestimmten Datenkonstellationen kann es durchaus vorkommen, dass trotz längerer Amortisationszeit ein höherer Erfolg erzielt werden kann. In dem hier vorliegenden Fall errechnen sich die Totalerfolge über die gesamte Investitionsdauer wie folgt:

Titanic: $- 800.000 + (25 \cdot 70.000) = 950.000$

Traumschiff: $- 750.000 + (20 \cdot 75.000) = 750.000$

Aus diesem Grund sollte die Amortisationsrechnung mit anderen Verfahren kombiniert werden, um dem Investor das volle Potenzial einer Investition vor Augen zu führen.

3. Hinweise zur Lösung

Siehe Lösungsweg.

4. Literaturempfehlung

Kruschwitz, Lutz; Rolf O. A. Decker und Michael Röhrs (2007): Übungsbuch zur betrieblichen Finanzwirtschaft, 7. Auflage, München 2007, S. 85 und S. 346.

Aufgabe 4:   Amortisationsrückfluss für die Investition aus der Aufgabe 1 zur Kostenvergleichsrechnung

Anwendung des Wissens auf andere Bereiche   10

1. Aufgabenstellung

Bauunternehmer Eder aus Aufgabe 1 zur Kostenvergleichsrechnung (vgl. Abschnitt 4.1.1) möchte die Anschaffung der Industriebandsäge realisieren und erfährt bei einem Gespräch mit seiner Hausbank, dass diese die Finanzierung gerne übernehmen würde. Voraussetzung für die Kreditgewährung ist jedoch, dass die maximale Amortisationszeit der Investition 50 % der Nutzungsdauer nicht überschreitet.

Wie hoch müssen die Umsätze je Betriebsstunde sein, damit die Forderung der Bank erfüllt ist?

Der Zins beträgt wie in Aufgabe 1 der Kostenvergleichsrechnung wieder 6 %. Die Raumkosten sind hier kalkulatorischer Art und damit nicht zahlungswirksam.

2. Lösung

Maximale Amortisationszeit: $0,5 \cdot 6$ Jahre = 3 Jahre

$$3 = \frac{25.000 - 1.000}{\text{Periodenrückfluss}}$$

Periodenrückfluss = 8.000 Euro

Periodenrückfluss = Erlöse − zahlungswirksame Kosten

8.000 Euro = Erlöse − (Zinsen + Stromkosten + Wartungskosten + Ersatzsägeblätter)

8.000 Euro = Erlöse − (780 Euro +720 Euro + 250 Euro + 1.200 Euro)

8.000 Euro = Erlöse − 2.950 Euro

Erlöse = 10.950 Euro

Umsatzerlöse je Betriebsstunde bei 600 Stunden: 18,25 Euro

Da Eder in Aufgabe 1 zur Kostendeckung als Umsatz je Betriebsstunde bereits 12,59 Euro veranschlagt hatte, ist für ihn die Bedingung seiner Hausbank ein Problem, denn er hat nun die Umsätze pro Stunde spürbar zu steigern.

3. Hinweise zur Lösung

Die Komponenten der zahlungswirksamen Kosten sind wie folgt begründet:

Abschreibungen: Kein Einbezug der Abschreibungen in die zahlungswirksamen Kosten, da Abschreibungen nicht zahlungswirksam sind.

Zinsen: Da Eder die Maschine über seine Hausbank fremdfinanzieren möchte, muss er die Zinsen als Zahlungsmittelabfluss betrachten. Die gezahlten Zinsen stehen nicht für die Amortisation zur Verfügung. Es handelt sich bei dieser statischen Amortisation um durchschnittliche Zinsen, nicht um echte Periodenzinsen.

Raumkosten: Geht man davon aus, dass Eder die Raumkosten kalkulatorisch als Opportunitätskosten in Ansatz gebracht hat, weil die Räume in seinem Eigentum stehen, kann keine Zahlungswirksamkeit unterstellt werden. Resultieren die Raumkosten jedoch aus einer gezahlten Miete an einen Dritten, liegt Zahlungswirksamkeit vor. Demnach müssten die gezahlten Raumkosten bei den zahlungswirksamen Kosten berücksichtigt werden. In der Musterlösung wurde entsprechend der Angaben in der Aufgabenstellung davon ausgegangen, dass keine zahlungswirksamen Raumkosten vorliegen.

Die Strom- und Wartungskosten sowie die Ersatzsägeblätter sind zweifelsfrei zahlungswirksame Kosten.

4. Literaturempfehlung

Heinhold, Michael (1999): Investitionsrechnung. Studienbuch, 8. Auflage, München 1999, S. 69–74.

Kruschwitz, Lutz (2009): Investitionsrechnung, 12. Auflage, München 2009, S. 37–41.

Röhrich, Martina (2014): Grundlagen der Investitionsrechnung. Darstellung anhand einer Fallstudie, 2. Auflage, München 2014, S. 33–37.

4.1.5 Statische Investitionsrechnung im Methodenmix

Aufgabe 1: Gewinn-, Rentabilitätsvergleichsrechnung und Amortisationsrechnung

Reproduktion, Wiedergabe des gelernten Wissens und Anwendung des Wissens	20

1. Aufgabenstellung

Gegeben ist folgende Zahlungsreihe eines Investitionsprojekts.

Tab. 29: Zahlungsreihe eines Investitionsprojekts

Zeitpunkt	Überschuss in Euro
0	– 100.000
1	30.000
2	30.000
3	30.000
4	50.000

Kalkulationszinssatz: 8 %

a) Treffen Sie zunächst sinnvolle Annahmen für folgende Größen der statischen Investitionsrechnung:
    i. Anschaffungskosten
    ii. Restwert
    iii. Nutzungsdauer
    iv. durchschnittlichen Gewinn

   Hinweis: In der Zahlungsreihe sind keine Zinsen enthalten.

b) Ermitteln Sie die statische Rentabilität vor Zinsen dieser Investition.

c) Ermitteln Sie die statische Rentabilität nach Zinsen dieser Investition

d) Ermitteln Sie den Amortisationszeitpunkt der Investition unter Verwendung der Kumulationsrechnung. Integrieren Sie dabei den Restwert in die Zahlungen der letzten Investitionsperiode.

2. Lösung

Zu a):

Anschaffungskosten:	100.000 Euro
Restwert:	20.000 Euro
Nutzungsdauer:	4 Jahre
durchschnittlicher Gewinn:	5.200 Euro

ermittelt aus:

zahlungswirksamen Rückfluss:	+ 30.000 Euro
Abschreibungen:	− 20.000 Euro
$\left(\dfrac{100.000 - 20.000}{4} \right)$ Zinsen:	− 4.800 Euro
$\left(\dfrac{100.000 + 20.000}{2} \cdot 0,08 \right)$	

Zu b):

$$\text{Rentabilität vor Zinsen} = \frac{10.000}{60.000} = 16,67\,\%$$

Zu c):

$$\text{Rentabilität nach Zinsen} = \frac{5.200}{60.000} = 8,67\,\%$$

Zu d):

Tab. 30: Tabelle zum Amortisationszeitpunkt der Investition

Jahr	Rückfluss der Periode	Kumulierte Rückflüsse	Anschaffungskosten abzgl. kumulierter Rückflüsse
1	30.000	30.000	70.000
2	30.000	60.000	40.000
3	30.000	90.000	10.000
4	50.000	140.000	− 40.000

Amortisationszeitpunkt:

50.000 Euro Rückfluss entsprechen einem Jahr;

10.000 Euro benötigter Rückfluss entsprechen 0,2 Jahre;

gesamte Amortisationszeit: 3,2 Jahre.

3. Hinweise zur Lösung

Aus der Zahlungsreihe lassen sich die Anschaffungskosten der Investition unschwer aus der Auszahlung zu Beginn der Investitionsdauer erkennen. Der Restwert wird hier mit 20.000 Euro angenommen, weil die Rückflüsse in den Perioden 1 bis 3 konstant sind und lediglich der vierte Rückfluss um 20.000 Euro höher ausfällt. Typischerweise ist diese höhere Zahlung in der Schlussperiode auf die Realisierung eines Liquidationserlöses zurückzuführen. Die Nutzungsdauer ergibt sich wieder unproblematisch aus der Anzahl der Perioden der Zahlungsreihe.

Für die Rentabilitätsberechnungen sind die durchschnittlichen Gewinne vor und nach Zinsen zu errechnen. Da die Rückflüsse nur zahlungswirksame Erfolgselemente ohne die Zinsen aufweisen, sind zur Ermittlung der Gewinne noch Abschreibungen und Zinsen zu berücksichtigen. Die Differenz der beiden Rentabilitäten (16,67 % und 8,67 %) entspricht genau dem Kalkulationszins von 8 %.

Die Amortisationsrechnung berücksichtigt laut Aufgabenstellung die vorgegebene Zahlungsreihe. Die Gesamtamortisationsdauer von 3,2 Jahren ergibt sich durch die Interpolation in der vierten Periode durch Anwendung des Dreisatzes.

4. Literaturempfehlung

Siehe Literaturempfehlungen zu den jeweiligen statischen Investitionsrechnungsverfahren.

Aufgabe 2:   Kostenvergleich, Gewinnvergleich und statische Rentabilität

Reproduktion, Wiedergabe des gelernten Wissens und Anwendung des Wissens	20

1. Aufgabenstellung

Ein Investor hat die Auswahl zwischen drei Immobilien. Folgende Daten liegen vor:

Tab. 31: Auswahlkriterien Immobilien

	Immobilie 1	Immobilie 2	Immobilie 3
Anschaffungskosten	120.000	150.000	230.000
Wiederverkaufswert	120.000	170.000	270.000
Laufende Auszahlungen (ohne Zinsen)	180 Euro mtl.	240 Euro mtl.	310 Euro mtl.
Mieteinnahmen	1.000 Euro mtl.	1.250 Euro mtl.	1.500 Euro mtl.
Anlagedauer	10 Jahre	10 Jahre	10 Jahre
Kalkulationszins	8 %	8 %	8 %

a) Entscheiden Sie nach der statischen Kostenvergleichsrechnung.
b) Entscheiden Sie nach der statischen Gewinnvergleichsrechnung.
c) Wie hoch sind die statischen Rentabilitäten der drei Immobilien?

2. Lösung

Zu a):

Tab. 32: Kostenvergleichsrechnung der Immobilien

	Immobilie 1	Immobilie 2	Immobilie 3
Abschreibung p. a.	0	−2.000	−4.000
Zinsen	9.600	12.800	20.000
Lfd. Auszahlungen	2.160	2.880	3.720
Kosten p. a.	11.760	13.680	19.720
Rang	1	2	3

Zu b):

Tab. 33: Gewinnvergleichsrechnung der Immobilien

	Immobilie 1	Immobilie 2	Immobilie 3
Erlöse p. a.	12.000	15.000	18.000
Kosten p. a.	11.760	13.680	19.720
Gewinn p. a.	240	1.320	−1.720
Rang	2	1	3

Zu c):

Tab. 34: Tabelle zu den statischen Rentabilitäten der Immobilien

	Immobilie 1	Immobilie 2	Immobilie 3
Rentabilität vor Zinsen	8,2 %	8,825 %	7,312 %
Rentabilität nach Zinsen	0,2 %	0,825 %	− 0,688 %
Rang	2	1	3

3. Hinweise zur Lösung

Zu a): Die Immobilie Nr. 1 lässt sich zu den Anschaffungskosten nach der zehnjährigen Haltedauer wieder verkaufen. Insofern liegt hier kein Abschreibungsbedarf (Erfassung der jährlichen Wertminderung) vor.

Bei den Immobilien Nr. 2 und 3 finden während der Haltedauer Wertsteigerungen statt. Betriebswirtschaftlich lassen sich diese Wertsteigerungen als Zuschreibungsertrag (negative Abschreibung) erfassen.

Das gebundene Kapital liegt bei der ersten Immobilie auch konstant bei 120.000 Euro, die Zinsen errechnen sich aus dem konstant gebundenen Kapital und dem Zinssatz von 8 %. Das durchschnittlich gebundene Kapital der Immobilien mit Wertsteigerungen lässt sich ermitteln aus $\dfrac{\text{Anfangswert} + \text{Endwert}}{2}$. Das so ermittelte durchschnittlich gebundene Kapital wird auf bekannte Weise mit dem Zinssatz multipliziert. Die monatlichen laufenden Auszahlungen der Immobilien werden einfach auf das Jahr hochgerechnet. Im Kostenvergleich fällt die Rangfolge der Investitionen wie folgt aus: 1, 2, 3.

Zu b): Die monatlichen Erlöse (Mieteinnahmen) werden einfach auf das Jahr hochgerechnet und den Kosten gegenübergestellt.

Immobilie 2 wirft den höchsten jährlichen Durchschnittsgewinn ab, Immobilie 1 liegt auch noch im positiven Bereich, während Immobilie 3 in die Verlustzone gerät.

Zu c): Bei der Berechnung der Rentabilitäten werden die Gewinne vor und nach Zinsen dem durchschnittlich gebundenen Kapital gegenübergestellt. Die Rangfolge lautet: 2, 1, 3. Immobilie 3 erreicht allerdings nicht den vorgegebenen Kalkulationszins von 8 %.

4. Literaturempfehlung

Siehe Literaturempfehlungen zu den jeweiligen statischen Investitionsrechnungsverfahren.

Aufgabe 3:   Tauglichkeitsvergleich der statischen Investitionsrechnungsverfahren

Reproduktion, Wiedergabe des gelernten Wissens und Anwendung des Wissens, Beurteilen	**50**

1. Aufgabenstellung

Ein Unternehmen möchte seine Produktionskapazitäten erweitern und erwägt die Anschaffung einer neuen Maschine. Dazu stehen drei Investitionsalternativen zur Auswahl:

Tab. 35: Tabelle zu den Investitionsalternativen zur Erweiterung der Produktionskapazitäten

Daten	Maschine 1	Maschine 2	Maschine 3
Anschaffungskosten	520.000 Euro	500.000 Euro	480.000 Euro
Nutzungsdauer	10 Jahre	10 Jahre	10 Jahre
Kapazität pro Jahr	20.000 Stück	20.000 Stück	20.000 Stück
Kalkulationszins	6 %	6 %	6 %
Betriebskosten bei voller Auslastung	237.000 Euro	243.000 Euro	250.000 Euro
Stückerlöse	16,20 Euro	16,40 Euro	16,60 Euro

Liefern Sie für die Investitionsentscheidung Ergebnisse nach allen statischen Investitionsrechnungsverfahren, die bei dieser Datenkonstellation zum Einsatz kommen können. Beurteilen Sie dabei auch die Tauglichkeit der Methoden für die vorliegende Investitionsentscheidung.

2. Lösung

Kostenvergleichsrechnung:

$$K_1 = \frac{520.000}{10} + \frac{520.000}{2} \cdot 0,06 + 237.000 = 304.600$$

$$K_2 = \frac{500.000}{10} + \frac{500.000}{2} \cdot 0,06 + 243.000 = 308.000$$

$$K_3 = \frac{480.000}{10} + \frac{480.000}{2} \cdot 0,06 + 250.000 = 312.400$$

Maschine 1 ist mit 304.600 Euro aus Sicht der jährlichen Kosten bei Vollauslastung die beste Investition.

Gewinnvergleichsrechnung:

$$G_1 = 20.000 \cdot 16,20 - 304.600 = 19.400$$
$$G_2 = 20.000 \cdot 16,40 - 308.000 = 20.000$$
$$G_3 = 20.000 \cdot 16,60 - 312.400 = 19.600$$

Maschine 2 ist mit einem Jahresgewinn von 20.000 Euro bei Vollauslastung die beste Investition.

Rentabilitätsvergleichsrechnung:

Berechnet wird die Rentabilität vor Zinsen, da alle Investitionen mit dem identischen Kalkulationszins arbeiten.

Rentabilitäten ohne Berücksichtigung der Differenzanlage:

$$R_1 = \frac{19.400 + \dfrac{520.000}{2} \cdot 0,06}{\dfrac{520.000}{2}} = 13,46\ \%$$

$$R_2 = \frac{20.000 + \dfrac{500.000}{2} \cdot 0,06}{\dfrac{500.000}{2}} = 14,00\ \%$$

$$R_3 = \frac{19.600 + \dfrac{480.000}{2} \cdot 0,06}{\dfrac{480.000}{2}} = 14,17\ \%$$

Maschine 3 weist mit 14,17 % die höchste Rentabilität auf.

Rentabilitäten mit Berücksichtigung der Differenzanlagen zum Kalkulationszinssatz:

$$R_1 = \frac{19.400 + \dfrac{520.000}{2} \cdot 0,06}{\dfrac{520.000}{2}} = 13,46\ \%$$

$$R_2 = \frac{20.000 + \dfrac{500.000}{2} \cdot 0,06 + 20.000 \cdot 0,06}{\dfrac{500.000}{2} + 20.000} = 13,41\ \%$$

$$R_3 = \frac{19.600 + \dfrac{480.000}{2} \cdot 0,06 + 40.000 \cdot 0,06}{\dfrac{480.000}{2} + 40.000} = 13,00\ \%$$

Maschine 1 weist mit 13,46 % die höchste Rentabilität auf, wenn die jeweiligen Differenzanlagen zum Kalkulationszins erfolgen.

Die Berücksichtigung der Differenzanlagen bildet den Sachverhalt treffender ab, da nicht davon ausgegangen werden kann, dass die Differenzanlagen zur errechneten Rendite der Investitionen angelegt werden können.

Statische Amortisationsrechnung:

$$t_{M1} = \frac{520.000}{19.400 + \dfrac{520.000}{10} + \dfrac{520.000}{2} \cdot 0,06} = 5,98\,\text{Jahre}$$

$$t_{M2} = \frac{500.000}{20.000 + \dfrac{500.000}{10} + \dfrac{500.000}{2} \cdot 0,06} = 5,88\,\text{Jahre}$$

$$t_{M3} = \frac{480.000}{19.600 + \dfrac{480.000}{10} + \dfrac{480.000}{2} \cdot 0,06} = 5,85\,\text{Jahre}$$

Die Amortisationszeiten liegen bei den drei Maschinen relativ dicht beieinander. Im Durchschnitt sind alle drei Maschinen nach knapp 60 % der vorgesehenen Nutzungsdauer amortisiert. Mit leichtem Vorsprung hat Maschine 3 mit 5,85 Jahren die kürzeste und damit beste Amortisationszeit.

Tauglichkeit der Methoden:

Kostenvergleichsrechnung:
Geht man von dem Ziel Gewinnmaximierung aus, eignet sich die Kostenvergleichs-
rechnung im vorliegenden Fall nicht. Die Investitionen erwirtschaften unterschiedliche
Erlöse je verkauftem Stück, sodass die Periodenkosten alleine keine zuverlässige
Grundlage für die Entscheidung liefern können. Bei identischen Erlösen der Investiti-
onen hingegen liefert die Kostenvergleichsrechnung zuverlässige Ergebnisse.

Gewinnvergleichsrechnung:
Die Gewinnvergleichsrechnung liefert für das Ziel Gewinnmaximierung brauchbare
Informationen. Allerdings berücksichtigt die Methode nur die absoluten Gewinnbei-
träge ohne Rücksicht auf den Kapitaleinsatz. Daher ist die Rentabilitätsvergleichsrechnung aussagefähiger, wenn Knappheit hinsichtlich der einzusetzenden Finanzmittel
herrscht (dürfte der Regelfall sein).

Rentabilitätsvergleichsrechnung:
Im Gegensatz zur Gewinnvergleichsrechnung berücksichtigt diese Methode den Kapitaleinsatz und gibt damit Auskunft über den relativen Gewinn in Bezug auf das einge-
setzte Kapital. Die Methode mit Berücksichtigung von etwaigen Differenzinvestitio-
nen liefert zuverlässigere Werte, weil hier unterschiedlich hohe Investitionsausgaben
quasi gleichnamig gemacht werden.

Amortisationsrechnung:
Anders als die drei vorgenannten Methoden liefert die Amortisationsrechnung Informationen hinsichtlich der Zeit, in der die Investitionen die Anschaffungsausgabe zurückverdient. Als alleinige Methode ist die Amortisationsrechnung nicht brauchbar, in
Kombination mit den anderen Methoden liefert sie dem Investor Informationen über
eine Zeitspanne. Je größer die Zeitspanne der Amortisation, desto risikoreicher ist die
Investition für den Investor. Häufig gibt ein Investor neben einer Mindestrentabilität
auch die Zeit vor, in der sich Investitionen amortisiert haben müssen.

3. Hinweise zur Lösung

Die Ausführungen zu den bislang erläuterten Verfahren können zur Lösungsfindung
herangezogen werden. Im Überblick werden noch mal die abstrakten Berechnungs-
formeln für die hier vorliegende Aufgabe angegeben:

Kostenvergleichsrechnung:

$$K = \frac{AK - RW}{ND} + \frac{AK + RW}{2} \cdot i + BK$$

Gewinnvergleichsrechnung:

$$G = E - K$$

Rentabilitätsvergleich:

Ohne Berücksichtigung Differenzinvestition:

$$R = \frac{G + Zins}{Durchschnittskapital}$$

Mit Berücksichtigung Differenzinvestition:

$$R = \frac{Gewinn + Zins + Differenzinvestitionsertrag}{Durchschnittskapital + Differenzinvestition}$$

Amortisationsrechnung:

$$t = \frac{AK - RW}{Gewinn + Abschreibung + Zins}$$

Symbole:

AK = Anschaffungskosten

E = Erlös

G = Gewinn

i = Zinssatz in Dezimalschreibweise i = Prozentsatz/100

K = Kosten

BK = Betriebskosten

ND = Nutzungsdauer

R = Rentabilität

RW = Restwert

t = Amortisationszeit

4. Literaturempfehlung

Siehe Literaturempfehlungen zu den jeweiligen statischen Investitionsrechnungsverfahren.

Aufgabe 4:   Praktischer Alternativvergleich

Reproduktion, Anwendung des Wissens (auf ein alltägliches Problem)	15

1. Aufgabenstellung

Die Wirtschaftsprüferin Kim Tampe möchte ihrer Familie ein besonders schönes, aber auch kostengünstiges Weihnachtsfest bereiten und überlegt, statt einer Nordmanntanne mit Wachskerzen einen Kunstweihnachtsbaum mit LED-Lichtern anzuschaffen. Dabei sammelte sie für diese beiden Möglichkeiten folgende Informationen:

Tab. 36:   Daten zweier alternativer Investitionsobjekte

	Natürliche Nordmanntanne	Kunstweihnachtsbaum
Anschaffungskosten	55,00 Euro	420,00 Euro
Nutzungsdauer	3 Wochen	10 Jahre
Betriebskosten in der Weihnachtszeit	30,00 Euro	3,00 Euro
Kalkulationszins	6 %	6 %
Restwert	kein Restwert	kein Restwert

a)   Berechnen Sie mit Hilfe einer statischen Investitionsrechnungsmethode, ob Familie Tampe aus finanziellen Gründen auf den Kunstweihnachtsbaum umsteigen soll.

b)   Nach wie vielen Jahren amortisiert sich der Kunstweihnachtsbaum, wenn Sie die mögliche zahlungswirksame Kosteneinsparung des Kunstweihnachtsbaumes pro Jahr als Rückfluss ansetzen?

Hinweis: Der Kauf des Kunstweihnachtsbaumes ist nicht kreditfinanziert.

2. Lösung

a)   Jährliche durchschnittliche Kosten der natürlichen Nordmanntanne:

Abschreibungen: volle Anschaffungskosten i. H. v. 55 Euro

Zinsen: $\dfrac{55}{2} \cdot \dfrac{21}{365} \cdot 0,06 = 0,09 \, \text{Euro}$

Betriebskosten: 30 Euro

Gesamtkosten: 85,09 Euro

Jährliche durchschnittliche Kosten des Kunstweihnachtsbaumes:

Abschreibungen: $\dfrac{420}{10} = 42\,\text{Euro}$

Zinsen: $\dfrac{420}{2} \cdot 0,06 = 12,60\,\text{Euro}$

Betriebskosten: 3 Euro

Gesamtkosten: 57,60 Euro

Nach der statischen Kostenvergleichsrechnung sollte aufgrund der geringeren durchschnittlichen Jahreskosten der Kunstweihnachtsbaum gekauft werden.

b)   Jährliche zahlungswirksame Kosten der natürlichen Nordmanntanne:

Anschaffungspreis: 55 Euro

Betriebskosten: 30 Euro

Summe: 85 Euro

Jährliche zahlungswirksame Kosten des Kunstweihnachtsbaumes:

Betriebskosten: 3 Euro

Jährliche zahlungswirksame Kosteneinsparung: 85 Euro – 3 Euro = 82 Euro

Amortisationszeit: $\dfrac{420\,\text{Euro}}{82\,\text{Euro pro Jahr}} = 5,12\,\text{Jahre}$

3. Hinweise zur Lösung

Diese Aufgabe zielte zum einen auf das Methodenwissen, zum anderen aber auch auf den Einsatz des sogenannten „gesunden" Verstandes ab.

Aufgrund fehlender Erlöse konnte hier nur die Kostenvergleichsrechnung als statische Methode zur Anwendung kommen.

Bei der Kostenermittlung der natürlichen Nordmanntanne liegt der jährliche Werteverzehr (Abschreibung) bei den vollen Anschaffungskosten i. H. v. 55 Euro.

Bei der Korrektur dieser Aufgabe fiel auf, dass ein nicht unerheblicher Teil der Studierenden die 55 Euro Anschaffungskosten für die dreiwöchige Nutzungsdauer auf das gesamte Jahr hochrechnete und so zu jährlichen Abschreibungen von 956 Euro kam. Damit ist allerdings unterstellt, dass die Familie alle drei Wochen einen neuen Weihnachtsbaum anschafft und nutzt – eine aus pragmatischer Sicht abwegige Annahme.

Die Betriebskosten während der Weihnachtszeit konnten bei beiden Alternativen einfach übernommen werden und durften aus vorgenannten Gründen auch nicht auf das Jahr hochgerechnet werden.

Der Einbezug der Zinsen bei der natürlichen Nordmanntanne ist methodisch zu rechtfertigen, hätte aber aus pragmatischer Sicht auch unterbleiben können. Insofern ist die volle Punktzahl auch bei jährlichen Gesamtkosten von 85 Euro gegeben worden.

Die jährlichen Kosten des Kunstweihnachtsbaumes ergeben sich aus den Abschreibungen, den Zinsen und den Betriebskosten. In der Klausur wurde dieser Aufgabenteil von den Studierenden überwiegend ohne erkennbare Probleme richtig gelöst.

Im Teil b) bereitete der Hinweis auf die zahlungswirksamen Kosten bei der Lösung Probleme. Beim natürlichen Baum sind alle Kosten zahlungswirksam, weil jedes Jahr ein Baum anzuschaffen ist und Betriebskosten für den Kauf der Wachskerzen anfallen. Der Kunstweihnachtsbaum weist nur zahlungswirksame Kosten in Höhe der Betriebskosten auf. Die Abschreibungen sind nicht zahlungswirksam und die Zinsen haben wegen des fehlenden Fremdkapital nur kalkulatorischen Charakter und sind somit auch nicht zahlungswirksam (deshalb der Hinweis, dass der Kunstweihnachtsbaum nicht kreditfinanziert werden sollte).

4. Literaturempfehlung

Siehe Literaturempfehlungen zur Kostenvergleichsrechnung.

4.2   Dynamische Investitionsrechnung

4.2.1   Übungen im Umgang mit Zinsfaktoren

Vorbemerkungen:

Die dynamische Investitionsrechnung sollte auf Basis grundlegender Kenntnisse der einfachen Finanzmathematik erlernt werden. Studierende, die im Rahmen ihres Studiums Lehrveranstaltungen in Mathematik erfolgreich absolviert haben und denen der Umgang mit Zinsfaktoren geläufig ist, können die Übungen im Umgang mit den Zinsfaktoren überspringen. In den Aufgaben zur dynamischen Investitionsrechnung geht es nicht um die Herleitung der Zinsfaktoren, sondern vielmehr um deren Anwendung.

Im Anhang sind die Faktoren beschrieben und für die hier anzuwendenden Zinssätze für Investitionsdauern von bis zu 50 Jahren in Tabellen errechnet. Jedoch nützen diese Tabellen wenig, wenn der Umgang damit nicht gelingt. Aus diesem Grund finden sich zunächst einfache Übungsfälle, bei denen es auf die richtige Anwendung der Zinsfaktoren ankommt.

Aufgabe 1:   Umgang mit Zinsfaktoren

Anwendung des Wissens	30

1. Aufgabenstellung

a) Ein Vater trifft mit seinem Sohn an dessen 15. Geburtstag folgende Vereinbarung: Der Sohn erhält bis zu seinem 25. Geburtstag jedes Jahr 500 Euro, wenn er Nichtraucher bleibt. Die in Aussicht gestellte Nichtraucherprämie wird allerdings zu jedem Geburtstag mit einem Zinssatz von 3 % angelegt und kommt erst mit der letzten Prämie am 25. Geburtstag zur Auszahlung. Mit welchem Geldbetrag kann der Junge zu seinem 25. Geburtstag rechnen?

b) Beim Kauf eines Hauses machen Käufer und Verkäufer aus, dass 50.000 Euro sofort, 70.000 Euro nach drei Jahren und 90.000 Euro nach fünf Jahren zu zahlen sind. Wie hoch sind die Anschaffungskosten des Hauses zum Zeitpunkt $t = 0$, wenn ein Zinssatz von 6 % bei der Berechnung unterstellt wird?

c) Ein Soldat hat sich auf vier Jahre bei der Bundeswehr verpflichtet. Zu Beginn seiner Dienstzeit verfügt er über ein Vermögen von 10.000 Euro, das er zu 5 % p. a. anlegt. Über welchen Geldbetrag kann er nach den vier Jahren verfügen?

d) Der Soldat aus c) möchte sein Gesamtvermögen in vier gleich hohe Jahresbeträge jeweils am Jahresende für ein Studium verwenden. Wie hoch sind diese Beträge, wenn das Vermögen zu 4 % p. a. über die vier Jahre angelegt werden kann?

e) Ein Raucher gibt 900 Euro jährlich für Tabakwaren aus. Wie hoch ist der Gegenwartswert dieser Zahlungsreihe, wenn man von einer Restlebenserwartung von 40 Jahren ausgeht und einen Zins von 7 % unterstellt?

f) Ein heute beschäftigter Angestellter möchte in 20 Jahren über einen Geldbetrag von 200.000 Euro verfügen, um sich als Rentner einen Lebenstraum auf vier Rädern zu erfüllen. In der Ansparzeit rechnet er mit einem Zinssatz von 3 % bei ungünstiger Entwicklung und 8 % bei günstiger Entwicklung. Welchen Betrag sollte zum Jahresende bei ungünstiger und günstiger Verzinsung zurückgelegt werden?

2. Lösung

Zu a):

$K_{10} = EWF_{10/3\%} \cdot 500$ Euro

$K_{10} = 11{,}463879 \cdot 500$ Euro $= 5.731{,}94$ Euro

Zu b):

Tab. 37: Ermittlung der Anschaffungskosten

Zeitpunkte	Betrag	$AbF_{6\%}$	Barwert
t_0	50.000 Euro	–	50.000,00 Euro
t_3	70.000 Euro	0,839619	58.773,33 Euro
t_5	90.000 Euro	0,747258	67.253,22 Euro
Summe			176.026,55 Euro

Zu c):

$K_4 = AuF_{4/5\%} \cdot 10.000$ Euro

$K_4 = 1,215506 \cdot 10.000$ Euro $= 12.155,06$ Euro

Zu d):

$g = KWF_{4/4\%} \cdot K_0$

$g = 0,275490 \cdot 12.155,06$ Euro $= 3.348,60$ Euro

Zu e):

$K_0 = DSF_{40/7\%} \cdot 900$ Euro

$K_0 = 13,331709 \cdot 900$ Euro $= 11.998,54$ Euro

Zu f):

ungünstiger Zins von 3 %:

$g = RVF_{20/3\%} \cdot K_{20}$

$g = 0,037216 \cdot 200.000$ Euro $= 7.443,20$ Euro

günstiger Zins von 8 %:

$g = RVF_{20/8\%} \cdot K_{20}$

$g = 0,021852 \cdot 200.000$ Euro $= 4.370,40$ Euro

3. Hinweise zur Lösung

Sie sollten sich beim Lösen dieser Aufgaben zunächst klar machen, wie die Zahlungsreihe aufgebaut ist und welche Größe errechnet werden soll. Erst wenn diese Fragen geklärt sind, lässt sich der geeignete Zinsfaktor auswählen.

Zu a): Zahlungsreihe:

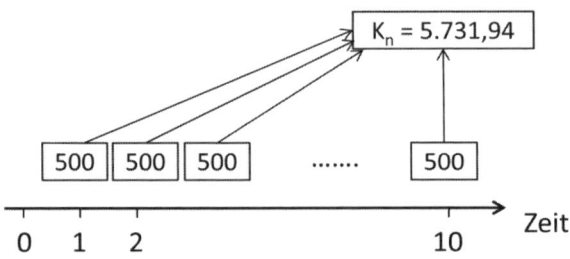

Abb. 13:   Zahlungsreihe

Die für diesen Fall entwickelte Zahlungsreihe stimmt mit der Beschreibung zum End-wertfaktor (EWF) überein. Der in der Musterlösung gewählte $EWF_{10/3\%}$ ist ein Faktor, der gleich hohe Zahlungen über einen Zeitraum von 10 Jahren zu 3 % aufzinst und die aufgezinsten Werte zum Endwert addiert.

Zu b): In diesem Fall muss der umständliche Weg über die Einzeldiskontierung gegan-gen werden, da die Zahlungsreihe ungleiche Zahlungen mit Lücken aufweist. Da nach einem Gegenwartswert zum Zeitpunkt t_0 gefragt ist, muss eine Abzinsung erfolgen.

Zu c): Hier liegt eine Zahlung in t_0 vor, gefragt ist nach dem Endwert in t_4. Zahlun-gen innerhalb dieser vier Jahre erfolgen nicht. Es handelt sich um einen Zweizah-lungsfall, bei dem der Endwert durch Aufzinsung mit dem AuF erfolgen kann.

Zu d): Hier ist ein Betrag zum Zeitpunkt t_0 gegeben. Ziel ist es, diesen Betrag in gleich hohe Zahlungen über vier Jahre zu transformieren. Dafür verwendet man den KWF.

Zu e): Der Gegenwartswert entspricht den auf t_0 abgezinsten und addierten Beträgen einer zukünftigen Zahlungsreihe. Sind die Zahlungen gleich hoch, kann man den DSF verwenden.

Zu f): Hier ist ein nach 20 Jahren fälliger Betrag unter Berücksichtigung von Zins und Zinseszins in gleich hohe Zahlungen während der Laufzeit zu transformieren. Diese Rechnung vollzieht man mit dem RVF.

4. Literaturempfehlung

Däumler, Klaus-Dieter und Jürgen Grabe (2007): Grundlagen der Investitions- und Wirtschaftlichkeitsrechnung, 12. Auflage, Herne 2007.

4.2.2   Kapitalwertmethode

Aufgabe 1:   Ermittlung der Kapitalbarwerte aus vorgegebenen
              Zahlungsreihen

Reproduktion, Wiedergabe des gelernten Wissens und Anwendung des Wissens	10

1. Aufgabenstellung

Gegeben sind die Daten von zwei Investitionen:

Tab. 38: Investitionsalternativen zur Kapitalbarwertermittlung

	t_0	t_1	t_2	t_3
Alternative A				
Einzahlungen	–	14.000	10.000	9.000
Auszahlungen	15.000	8.000	4.000	3.000
Alternative B				
Einzahlungen	–	17.234	15.230	12.790
Auszahlungen	17.000	10.756	8.752	6.312

Ermitteln Sie die Vorteilhaftigkeit anhand der Kapitalwertmethode bei einem Zins von 7 %.

2. Lösung

Alternative A:
$C_0 = DSF_{3/7\%} \cdot 6.000 - A_0$
$C_0 = 2,624316 \cdot 6.000 - 15.000 = + 745,90$

Alternative B:
$C_0 = DSF_{3/7\%} \cdot 6.478 - A_0$
$C_0 = 2,624316 \cdot 6.478 - 17.000 = + 0,32$
Investitionsalternative A ist gegenüber der Alternative B aufgrund des höheren Kapitalbarwerts im Vorteil.

3. Hinweise zur Lösung

Beide Investitionen weisen eine Zahlungsreihe mit konstanten Zahlungsüberschüssen in den Perioden 1 bis 3 auf. Der Barwert der Einzahlungsreihe lässt sich in solchen Fällen schnell über den entsprechenden DSF errechnen. Zieht man von dem Barwert der Zahlungsreihe die Anschaffungsausgabe ab, kommt man zum Kapitalbarwert der Investition.

4. Literaturempfehlung:

Heinhold, Michael (1999): Investitionsrechnung. Studienbuch, 8. Auflage, München 1999, S. 85–95.

Kruschwitz, Lutz (2009): Investitionsrechnung, 12. Auflage, München 2009, S. 63–74.

Röhrich, (2014): Grundlagen der Investitionsrechnung. Darstellung anhand einer Fallstudie, 2. Auflage, München 2014, S. 62–75.

Rolfes, Bernd (2003): Moderne Investitionsrechnung. Einführung in die klassische Investitionstheorie und Grundlagen marktorientierter Investitionsentscheidungen, 3. Auflage, München 2003, S. 9–11.

Aufgabe 2:   Interpretation der Kapitalbarwerte aus Aufgabe 1

Reorganisieren, selbstständiges Verstehen des Wissens	5

1. Aufgabenstellung

Welche wirtschaftlichen Aussagen lassen sich mit den in Aufgabe 1 errechneten Kapitalbarwerten treffen?

2. Lösung

– Beide Investitionen erwirtschaften einen positiven Kapitalbarwert, d. h. die unterstellten Zinskosten von 7 % werden verdient.

– Investition A erwirtschaftet über die Zinskosten von 7 % einen zusätzlichen Überschuss von 745,90 Euro, d. h., die interne Verzinsung dieser Investition liegt über 7 %;

– Investition B erwirtschaftet keinen nennenswerten Überschuss, d. h., die interne Verzinsung dieser Investition liegt gerade bei 7 %.

– Der höhere Kapitalbarwert von Investition A zeigt an, dass diese Investition im Vergleich zur Alternative B im Vorteil ist. Eine Aussage, ob der Investor mit dem Überschuss absolut zufrieden ist, lässt sich nicht treffen. Grundsätzlich sind Investitionen mit positiven Kapitalbarwerten jedoch vorteilhaft, weil sie neben ihren Kapitalkosten einen Überschuss generieren können.

3. Hinweise zur Lösung

Siehe Lösung.

4. Literaturempfehlung

Heinhold, Michael (1999): Investitionsrechnung. Studienbuch, 8. Auflage, München 1999, S. 85–95.

Kruschwitz, Lutz (2009): Investitionsrechnung, 12. Auflage, München 2009, S. 63–74.

Röhrich, Martina (2014): Grundlagen der Investitionsrechnung. Darstellung anhand einer Fallstudie, 2. Auflage, München 2014, S. 62–75.

Rolfes, Bernd (2003): Moderne Investitionsrechnung. Einführung in die klassische Investitionstheorie und Grundlagen marktorientierter Investitionsentscheidungen, 3. Auflage, München 2003, S. 9–11.

Aufgabe 3: Kapitalbarwert einer Immobilie mit restwertgleicher Anschaffungsausgabe

Reproduktion, Wiedergabe des gelernten Wissens und Anwendung des Wissens	**10**

1. Aufgabenstellung

Ein Investor plant den Kauf einer Immobilie. Folgende Daten liegen vor:

Tab. 39: Daten zum Immobilienkauf

	Immobilie
Anschaffungskosten	120.000
Wiederverkaufswert	120.000
Laufende Auszahlungen (ohne Zinsen)	180 Euro monatlich
Mieteinnahmen	1.000 Euro monatlich
Anlagedauer	10 Jahre
Kalkulationszins	6 %

a)   Stellen Sie die Zahlungsreihe dieser Investition am Zeitstrahl dar?
b)   Wie hoch ist der Kapitalbarwert der Immobilie?

2. Lösung

Zu a):

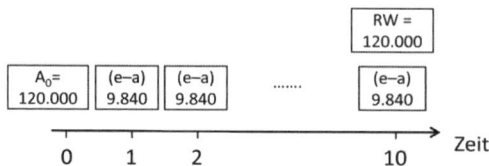

Abb. 14:   Zahlungsreihe der Investition

Zu b):

$$C_0 = -A_0 + DSF_{10/6\%} \cdot (e - a) + AbF_{10/6\%} \cdot RW$$

$C_0 = -120.000$ Euro $+ 7,360087 \cdot 9.840$ Euro $+ 0,558395 \cdot 120.000$ Euro $= 19.430,66$ Euro

3. Hinweise zur Lösung

Zu a): Die Anschaffungsausgabe wird unproblematisch mit 120.000 Euro auf t_0 gesetzt. Die monatlichen Zahlungen werden in der dynamischen Investitionsrechnung vereinfacht für eine gesamte Periode (hier Jahr) auf das Periodenende bezogen. Die monatlichen Zahlungen von + 1.000 Euro und – 180 Euro werden zum Einzahlungsüberschuss von 820 Euro verrechnet und auf das Jahr hochgerechnet (9.840 Euro). Der Restwert oder Liquidationserlös wird in die Zahlungen des letzten Jahres integriert.

Zu b): Auf den ersten Blick liegen keine gleichhohen Einzahlungsüberschüsse vor, weil der Restwert am Ende der Investitionsdauer die laufenden Einzahlungsüberschüsse verändert. Separiert man jedoch den Restwert (wie im Zeitstrahl in a) dargestellt), sieht man, dass 10 gleichhohe Einzahlungsüberschüsse in Höhe von 9.840 Euro vorliegen, die mit dem DSF zu einem Zahlungsüberschussbarwert berechnet werden können. Der Restwert braucht dann nur noch mit dem AbF auf t_0 abgezinst zu werden. A_0 kann ohne eine Rechenoperation unverändert in die Rechnung eingehen. Der positive Kapitalbarwert in Höhe von 19.430,66 Euro signalisiert dem Investor, dass der zu Grunde gelegte Kalkulationszins erreicht wird und darüber hinaus noch ein zusätzlicher Beitrag in Höhe des Kapitalbarwertes erzielt werden kann. Die Investition ist damit vorteilhaft.

4. Literaturempfehlung

Heinhold, Michael (1999): Investitionsrechnung. Studienbuch, 8. Auflage, München 1999, S. 85–95.

Kruschwitz, Lutz (2009): Investitionsrechnung, 12. Auflage, München 2009, S. 63–74.

Röhrich, Martina (2014): Grundlagen der Investitionsrechnung. Darstellung anhand einer Fallstudie, 2. Auflage, München 2014, S. 62–75.

Rolfes, Bernd (2003): Moderne Investitionsrechnung. Einführung in die klassische Investitionstheorie und Grundlagen marktorientierter Investitionsentscheidungen, 3. Auflage, München 2003, S. 9–11.

Aufgabe 4: Kapitalbarwert und Ermittlung einer optimalen Nutzungsdauer bei einmaliger Durchführung

Reproduktion, Wiedergabe des gelernten Wissens und Anwendung des Wissens	15

1. Aufgabenstellung

Der Taxibetrieb Xavus möchte für ein Fahrzeug mit folgenden Daten eine dynamische Investitionsrechnung durchführen. Die Anschaffungsausgabe in t_0 beträgt 52.000 Euro, Xavus rechnet mit einem Kalkulationszins von 6 %.

Tab. 40: Daten für eine dynamische Investitionsrechnung

Nutzungs-perioden	P1	P2	P3	P4	P5	P6
Rückflüsse in Euro	22.000	18.000	12.000	5.000	2.000	1.000
Restwerte in Euro	35.000	20.000	10.000	5.000	2.000	0

a) Ist die Investition absolut vorteilhaft, wenn er das Fahrzeug über die volle Nutzungsdauer (also sechs Perioden) fährt? Begründen Sie Ihre Entscheidung unter Zuhilfenahme Kapitelwertmethode.

b) Ermitteln Sie unter Berücksichtigung der prognostizierten Rückflüsse und Restwerte die optimale Nutzungsdauer (ganze Perioden) der Investition bei einmaliger Durchführung.

2. Lösung

Zu a):

$C_0 =$ −52.000 Euro + 22.000 Euro · $AbF_{1/6\%}$ + 18.000 Euro · $AbF_{2/6\%}$ +
        12.000 Euro · $AbF_{3/6\%}$ +5.000 Euro · $AbF_{4/6\%}$ + 2.000 Euro · $AbF_{5/6\%}$ +
        1.000 Euro · $AbF_{6/6\%}$

$C_0 =$ 1.010,04 Euro

Zu b):

C_0 bei einjähriger Nutzung   = − 52.000 Euro
                                 + (22.000 + 35.000) Euro · $AbF_{1/6\%}$
                                 = + 1.773,58 Euro

C_0 bei zweijähriger Nutzung = − 52.000 Euro
                                 + 22.000 Euro · $AbF_{1/6\%}$
                                 + (18.000 + 20.000) Euro · $AbF_{2/6\%}$
                                 = + 2.574,58 Euro

C_0 bei dreijähriger Nutzung   = − 52.000 Euro
                                 + 22.000 Euro · $AbF_{1/6\%}$
                                 + 18.000 Euro · $AbF_{2/6\%}$
                                 + (12.000 + 10.000) Euro · $AbF_{3/6\%}$
                                 =   + 3.246,28 Euro

C_0 bei vierjähriger Nutzung   = − 52.000 Euro
                                 + 22.000 Euro · $AbF_{1/6\%}$
                                 + 18.000 Euro · $AbF_{2/6\%}$
                                 + 12.000 Euro · $AbF_{3/6\%}$
                                 + (12.000 + 10.000) Euro · $AbF_{4/6\%}$
                                 =   + 2.771,03 Euro

C_0 bei fünfjähriger Nutzung   = − 52.000 Euro
                                 + 22.000 Euro · $AbF_{1/6\%}$
                                 + 18.000 Euro · $AbF_{2/6\%}$
                                 + 12.000 Euro · $AbF_{3/6\%}$
                                 + 5.000 Euro · $AbF_{4/6\%}$
                                 + (2.000 + 2.000) Euro · $AbF_{5/6\%}$
                                 = + 1.799,59 Euro

C_0 bei sechsjähriger Nutzung = 1.010.04 Euro (bereits in a) berechnet)

Die optimale ganzperiodische Nutzungsdauer liegt bei drei Jahren, weil hier der Kapitalbarwert unter Einbezug des Liquidationserlöses mit 3.246,28 Euro am höchsten ist.

3. Hinweise zur Lösung

Die Berechnung des Kapitelbarwertes in a) dürfte zwar wegen der ungleichen Rückflüsse mit den jeweiligen Abzinsungsfaktoren zu Rechenaufwand führen, aber hinsichtlich der Verständlichkeit und der geringen Komplexität der vorgegebenen Zahlungsreihe unproblematisch sein. Die angegebenen Restwerte in den Perioden eins bis fünf sind zu ignorieren, da nach dem Kapitelbarwert nach sechsjähriger Nutzungsdauer gefragt ist.

Bei der Ermittlung der optimalen Nutzungsdauer bei einmaliger Durchführung der Investition im Teil b) gilt es, unter Einbezug der Restwerte den maximalen Kapitalbarwert zu finden. Dabei darf nur der Rest- oder Liquidationswert der Periode einbezogen werden, in der die Investition vorzeitig beendet wird. Aufgrund der konstruierten Rückflüsse und Restwerte erreicht der Kapitalbarwert in Periode 3 sein Maximum.

4. Literaturempfehlung

Blohm, Hans; Klaus Lüder und Christina Schaefer (2006): Investition, 9. Auflage, München 2006, S. 58–62.

4.2.3 Interne Zinsfußmethode

Aufgabe 1: Ermittlung des internen Zinsfußes mittels rechnerischer Methoden

Reproduktion, Wiedergabe des gelernten Wissens und Anwendung des Wissens	20

1. Aufgabenstellung

Die in Ostwestfalen beheimatete Fluggesellschaft HUI-Fly kann für zwei Jahre befristet die Rechte erwerben, Flüge zwischen Paderborn und Bangkok durchzuführen. Die Rechte haben einen Preis von 10.000.000 Euro. Hierfür muss ein zusätzliches Langstreckenflugzeug angeschafft werden, das man gebraucht für 6.000.000 Euro erwerben kann. Man erwartet, dass dieses Flugzeug pro Jahr 2,5 Mio. Flugkilometer zurücklegen und pro 10.000 Flugkilometer Einzahlungen in Höhe von 110.000 Euro erzielen wird, denen auszahlungswirksame Kosten in Höhe von 75.000 Euro für die 10.000 Flugkilometer gegenüberstehen. Außerdem sind pro Jahr für Pflege und Wartung des Flugzeugs noch einmal 110.000 Euro an Auszahlungen zu veranschlagen. Nach zwei Jahren hat das Flugzeug noch einen Wert von 2.000.000 Euro, und es soll am Ende des zweiten Jahres für eben diesen Wert verkauft werden. Der Kapitalmarktzinssatz beträgt 5,7 % p. a.

a) Berechnen Sie den internen Zinsfuß dieser Investition.
b) Würden Sie der Fluggesellschaft empfehlen, die Rechte zu kaufen (mit Begründung!)?

2. Lösung

Zu a): Darstellung der Zahlungsreihe am Zeitstrahl:

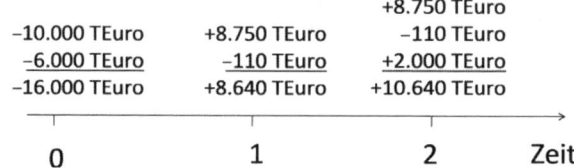

Abb. 15:   Zeitstrahl Zahlungsreihe

Berechnung über i bei C₀ = 0

$$0 = -16.000 + \frac{8.640}{1+i} + \frac{10.640}{(1+i)^2}$$

$$16.000 = \frac{8.640}{1+i} + \frac{10.640}{(1+i)^2}$$

$$16.000 = \frac{8.640 \cdot (1+i) + 10.640}{(1+i)^2}$$

$$16.000 \cdot (1+i)^2 = 8.640 + 8.640i + 10.640$$

$$16.000 \cdot (1 + 2i + i^2) = 19.280 + 8.640i$$

$$16.000 + 32.000i + 16.000i^2 = 19.280 + 8.640i$$

$$16.000i^2 + 23.360i - 3.280 = 0$$

$$i^2 + 1,46i - 0,205 = 0$$

$$i^2 + 1,46i = 0,205$$

$$i^2 + 1,46i + 0,73^2 = 0,205 + 0,73^2$$

$$(i + 0,73)^2 = 0,7379$$

$$i + 0,73 = +/- 0,7379$$

$$i_1 = 0,12901$$

$$i_2 = -1,58901$$

Zu b): Betriebswirtschaftlich sinnvoll ist i_1 mit einem internen Zins von 12,901 %. Da der Kapitalmarktzins mit 5,7 % deutlich unter dem internen Zins von 12,9 % liegt, sollte die Fluggesellschaft die Investition durchführen.

Alternative Berechnung über die Regula-Falsi-Regel:

C_{01} bei Versuchszins $i_1 = 10\,\%$:

$$C_{01} = -16.000 + \frac{8.640}{1,1} + \frac{10.640}{1,21} = 647,94$$

C_{02} bei Versuchszins $i_2 = 15\,\%$:

$$C_{02} = -16.000 + \frac{8.640}{1,15} + \frac{10.640}{1,3225} = -441,59$$

Ermittlung von i über Regula Falsi:

$$i = i_1 - C_{01} \cdot \frac{i_2 - i_1}{C_{02} - C_{01}}$$

$$i = 0,10 - 647,94 \cdot \frac{0,15 - 0,10}{-441,59 - 647,94}$$

$$i = 0,1297$$

Nach der näherungsweisen Lösungsmöglichkeit über das Regula-Falsi-Verfahren ergibt sich ein interner Zins von 12,97 %. Hätte man das Zinsintervall zwischen i_1 und i_2 enger gewählt (z. B. 12 % und 13 %), wäre die Abweichung des Näherungswertes vom absolut richtigen Wert geringer gewesen. Für praktische Investitionsentscheidungen dürfte aufgrund der unsicheren Zukunftswerte ein Näherungswert völlig ausreichend sein.

3. Hinweise zur Lösung

Der interne Zinsfuß einer Investition ist der Zinssatz, bei dem der Kapitalbarwert (C_0) null wird. Insofern ist eine Gleichung aufzustellen, bei der der Zinssatz i als Unbekannte gesucht wird. Bei Investitionsdauern von bis zu zwei Perioden ist eine Auflösung der Gleichung nach i mittels quadratischer Ergänzung oder per PQ-Formel gut möglich. Investitionen mit mehr als zwei Perioden lassen sich näherungsweise über das Verfahren Regula Falsi (auch Sekantenverfahren genannt) lösen.

Da beide Lösungen einen internen Zins ermitteln, der weit über dem in der Aufgabe genannten marktüblichen Zinssatz von 5,7 % liegt, ist die Investition vorteilhaft.

4. Literaturempfehlung

Heinhold, Michael (1999): Investitionsrechnung. Studienbuch, 8. Auflage, München 1999, S. 96–104.

Kruschwitz, Lutz (2009): Investitionsrechnung, 12. Auflage, München 2009, S. 102–112.

Röhrich, Martina (2014): Grundlagen der Investitionsrechnung. Darstellung anhand einer Fallstudie, 2. Auflage, München 2014, S. 79–86.

Aufgabe 2:   Ermittlung des internen Zinsfußes mittels grafischer Näherungslösung

Reproduktion, Wiedergabe des gelernten Wissens und Anwendung des Wissens	10

1. Aufgabenstellung

Ermitteln Sie den internen Zinsfuß aus den Angaben der Aufgabe 1 mittels grafischer Näherungslösung mit den Versuchszinsätzen 12 % und 13 %.

2. Lösung

C_{01} bei i= 12 %:

$$C_{01} = -16.000 + \frac{8.640}{1,12} + \frac{10.640}{1,2544} = 196,43$$

C_{02} bei i= 13 %:

$$C_{01} = -16.000 + \frac{8.640}{1,13} + \frac{10.640}{1,2769} = -21,30$$

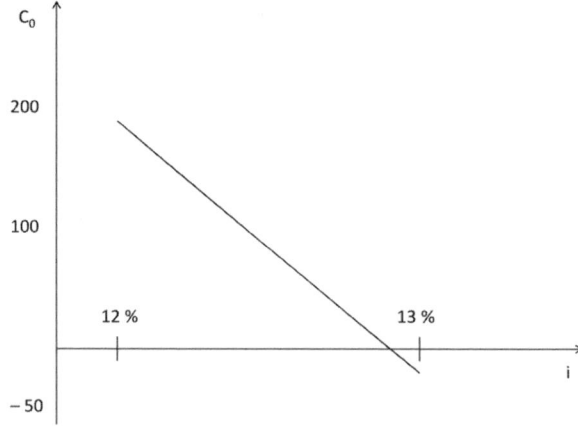

Abb. 16:   Grafische Näherungslösung zum internen Zinsfuß

Der Schnittpunkt der Geraden (C_{01} zu C_{02}) mit der Abzisse (Zinswerte) zeigt den internen Zinsfuß an. Der interne Zins lässt sich hier mit ca. 12,9 % ablesen und entspricht den rechnerischen Lösungen aus Aufgabe 1.

3. Hinweise zur Lösung

Zunächst rechnet man die beiden Kapitalbarwerte (C_0) bei den vorgegebenen Zinssätzen. Danach trägt man die Kapitalwerte zu den jeweiligen Zinsen in ein Diagramm mit den Achsenbezeichnungen C_0 auf der Ordinate (Senkrechte) und i auf der Abzisse (Waagerechte) ab. Nach dem Verbinden der beiden Punkte entsteht eine Gerade, deren Schnittpunkt mit der Abzisse den internen Zinsfuß näherungsweise anzeigt.

4. Literaturempfehlung

Röhrich, Martina (2014): Grundlagen der Investitionsrechnung. Darstellung anhand einer Fallstudie, 2. Auflage, München 2014, S. 80 f.

Aufgabe 3: Vergleich von Kapitalwertmethode und Methode des internen Zinsfußes

Reproduktion, Wiedergabe des gelernten Wissens und Anwendung des Wissens	20

1. Aufgabenstellung

Es werden Ihnen zwei Investitionsprojekte angeboten:

Objekt A ist mit einer Anschaffungsauszahlung von 4.000 Euro verbunden und kann nach 7 Jahren für 7.796 Euro verkauft werden.

Für Objekt B betragen die Anschaffungsauszahlungen 10.000 Euro, der Liquidationserlös nach ebenfalls 7 Jahren liegt bei 17.140 Euro.

Der Kalkulationszinssatz beträgt 6 %.

a) Welches Investitionsprojekt ist nach der Kapitalwertmethode relativ vorteilhaft?
b) Welches Investitionsprojekt ist nach der Internen-Zinsfuß-Methode relativ vorteilhaft?
c) Erklären Sie die Ergebnisse unter a) und b), und ziehen Sie daraus Schlussfolgerungen.

2. Lösung

Zu a):

$C_0 = -A_0 + AfF_{7/6\%} \cdot RW$

$C_{01} = -4.000$ Euro $+ 0,665057 \cdot 7.796$ Euro $= 1.184,78$ Euro

$C_{02} = -10.000$ Euro $+ 0,665057 \cdot 17.140$ Euro $= 1.399,08$ Euro

Zu b):

Hier kann zur Berechnung des internen Zinsfußes die Formel für den Zweizahlungsfall verwendet werden:

$$i = \sqrt[n]{\frac{RW}{A_0}} - 1$$

$$i_1 = \sqrt[7]{\frac{7.796}{4.000}} - 1 = 0,10$$

$$i_2 = \sqrt[7]{\frac{17.140}{10.000}} - 1 = 0,08$$

Investition 1 weist eine interne Verzinsung von 10 % auf, Investition 2 weist 8 % auf.

Zu c):

Nach der Kapitalwertmethode ist Investition 2 besser, nach der internen Zinsfußmethode
ist Investition 1 besser. Wenn Investitionsobjekte sich hinsichtlich ihrer Anschaffungsausgabe, ihrer Nutzungsdauer oder ihres Restwertes unterscheiden, kann es unter Umständen zu Widersprüchen bei den beiden Methoden kommen, wenn ein kritischer Zinssatz unterschritten wird. Der Widerspruch ist in der Wiederanlage für Rückflüsse bzw.
dem zu Grunde gelegten Zins erklärbar. Die Kapitalwertmethode geht davon aus, dass
Rückflüsse zum Kalkulationszinsfuß angelegt werden, während die Methode interner
Zinsfuß unterstellt, dass eine Wiederanlage zum internen Zinsfuß erfolgen kann. In unserem Fall erfolgte die Abzinsung des Restwertes mit zwei unterschiedlichen Zinssätzen.

Die Kapitalwertmethode ist bei Verwendung eines angemessenen Zinses (z. B. Kapitalmarktzins) nach herrschender Meinung die bessere Methode, da die Methode interner
Zins die unrealistische Annahme enthält, dass freiwerdende Beträge zum internen Zins
angelegt werden können.

3. Hinweise zur Lösung

Zu a): Zunächst rechnet man die beiden Kapitalbarwerte (C_0) mit dem vorgegebenen
Kalkulationszins von 6 %. Da es sich hier um einen Zweizahlungsfall (nur A_0 und RW)

handelt, kann der Restwert nach sieben Perioden einfach mit dem AbF auf den Zeitpunkt t_0 abgezinst werden.

Zu b): Auch hier kann aufgrund des Vorliegens des Zweizahlungsfalles eine vereinfachte Formel angewendet werden, die sich wie folgt herleiten lässt:

1. Kapitalwertfunktion aufstellen:

$$C_0 = -A_0 + RW \cdot \frac{1}{(1+i)^n}$$

2. Kapitalwert gleich Null setzen:

$$0 = -A_0 + RW \cdot \frac{1}{(1+i)^n}$$

3. Gleichung nach i auflösen:

$$A_0 = RW \cdot \frac{1}{(1+i)^n}$$

$$\frac{A_0}{RW} = \frac{1}{(1+i)^n}$$

$$(1+i)^n = \frac{RW}{A_0}$$

$$1+i = \sqrt[n]{\frac{RW}{A_0}}$$

$$i = \sqrt[n]{\frac{RW}{A_0}} - 1$$

Zu c): Siehe Lösung.

4. Literaturempfehlung

Kruschwitz, Lutz (2009): Investitionsrechnung, 12. Auflage, München 2009, S. 102–112.

Röhrich, Martina (2014): Grundlagen der Investitionsrechnung. Darstellung anhand einer Fallstudie, 2. Auflage, München 2014, S. 84–86.

4.2.4 Annuitätenmethode

Aufgabe 1: Vorteilhaftigkeit anhand der Annuitätenmethode

Reproduktion, Wiedergabe des gelernten Wissens und Anwendung des Wissens	15

1. Aufgabenstellung

Gegeben seien die Daten von zwei Investitionsalternativen:

Tab. 41: Investitionsalternativen zur Annuitätenmethode

	t_0	t_1	t_2	t_3	t_4
Alternative A					
Einzahlungen	–	13.000	10.000	10.000	10.000
Auszahlungen	20.000	8.000	4.000	3.000	3.000
Alternative B					
Einzahlungen	–	18.000	15.000	13.000	12.000
Auszahlungen	22.000	12.000	9.000	6.000	5.000

Ermitteln Sie die Vorteilhaftigkeit anhand der Annuitätenmethode bei einem Zins von 6%.

2. Lösung:

Alternative A:

Ermittlung Kapitalbarwert:

+ 5.000 Euro · 0,943396 = + 4.716,98 Euro
+ 6.000 Euro · 0,889996 = + 5.339,98 Euro
+ 7.000 Euro · 0,839619 = + 5.877,33 Euro
+ 7.000 Euro · 0,792094 = + 5.544,66 Euro
− 20.000,00 Euro
C_{0A} = 1.478,95 Euro

Ermittlung der Annuität:

1.478,95 Euro · 0,288591 = 426,81 Euro

Alternative B:

Ermittlung Kapitalbarwert:

−6.000 Euro · 0,943396 = + 5.660,38 Euro
−6.000 Euro · 0,889996 = + 5.339,98 Euro
−7.000 Euro · 0,839619 = + 5.877,33 Euro
−7.000 Euro · 0,792094 = + 5.544,66 Euro
−22.000,00 Euro
C_{0B} = 422,35 Euro

Ermittlung der Annuität:

422,35 Euro · 0,288591 = 121,89 Euro

Alternative A ist aufgrund der höheren Annuität gegenüber Alternative B im Vorteil.

3. Hinweise zur Lösung

Zunächst wird der Kapitalbarwert ausgerechnet, da die Zahlungsreihen ungleich hohe Einzahlungsüberschüsse erwirtschaften. Die Barwertberechnung erfolgt mit den Abzinsungsfaktoren (AbF).

Nach Ermittlung der Kapitalbarwerte sind diese mit dem Kapitalwiedergewinnungsfaktor über die Laufzeit in die Annuitäten zu verstetigen.

Für eine Vorteilhaftigkeitsentscheidung wäre die Berechnung der Annuitäten eigentlich nicht mehr notwendig gewesen, denn es lag bereits durch die Berechnung der Kapitalbarwerte eine ausreichende Information zu Entscheidungsfindung vor.

4. Literaturempfehlung

Röhrich, Martina (2014): Grundlagen der Investitionsrechnung. Darstellung anhand einer Fallstudie, 2. Auflage, München 2014, S. 76–78.

Schulte, Gerd (2007): Investition. Investitionscontrolling und Investitionsrechnung, 2. Auflage, München 2007, S. 103–108.

Aufgabe 2: Berechnung der Annuität bei identischen Periodenüberschüssen

Reproduktion, Wiedergabe des gelernten Wissens und Anwendung des Wissens	10

1. Aufgabenstellung

Ermitteln Sie die Annuität einer Investition mit folgenden Daten:

- A_0: 45.000 Euro
- Gleichbleibende jährliche Einzahlungsüberschüsse: 7.800 Euro
- Restwert: 12.000 Euro
- Investitionsdauer: 10 Jahre
- Kalkulationszins: 8 %

2. Lösung

Die Annuität ergibt sich aus:

$-A_0 \cdot KWF_{10/8\%}$ + gleichbleibender Einzahlungsüberschuss + Restwert $\cdot RVF_{10/8\%}$

$-$ 45.000 Euro $\cdot$ 0,149029 + 7.800 Euro + 12.000 Euro $\cdot$ 0,069029 = 1.922,04 Euro

3. Hinweise zur Lösung

Bei Zahlungsreihen mit gleichhohen jährlichen Einzahlungsüberschüssen müssen lediglich die beiden Zahlungen A_0 und der Restwert in die Annuität verrechnet werden. A_0 wird über den Kapitalwiedergewinnungsfaktor, der Restwert über den Restwertverteilungsfaktor verteilt.

Natürlich kann die Lösung auch über die Berechnung des C_0 mit anschließender Annuitätenermittlung über den KWF ermittelt werden.

4. Literaturempfehlung

Röhrich, Martina (2014): Grundlagen der Investitionsrechnung. Darstellung anhand einer Fallstudie, 2. Auflage, München 2014, S. 76–78.
Schulte, Gerd (2007): Investition. Investitionscontrolling und Investitionsrechnung, 2. Auflage, München 2007, S. 103–108.

Aufgabe 3: Annuitätenermittlung bei ungleichen Einzahlungsüberschüssen

Reproduktion, Wiedergabe des gelernten Wissens und Anwendung des Wissens	10

1. Aufgabenstellung

Eine Investition ist durch nachfolgende Zahlungsreihe gekennzeichnet:

Tab. 42: Tabelle zur Annuitätenermittlung bei ungleichen Zahlungseingängen

Periode	Einzahlungen	Auszahlungen
0		320.000 Euro
1	30.000 Euro	40.000 Euro
2	110.000 Euro	40.000 Euro
3	130.000 Euro	45.000 Euro
4	170.000 Euro	75.000 Euro
5	180.000 Euro	80.000 Euro
6	190.000 Euro	100.000 Euro

Berechnen Sie die Annuität bei einem Kalkulationszinssatz von 6 %.

2. Lösung

Ermittlung des Kapitalbarwertes:

Tab. 43: Tabelle zur Ermittlung des Kapitalbarwertes

Periode	Einzahlungsüberschuss	AbF	Barwert
0	− 320.000 Euro	1	− 320.000,00 Euro
1	− 10.000 Euro	0,943396	− 9.433,96 Euro
2	+70.000 Euro	0,889996	62.299,72 Euro
3	+85.000 Euro	0,839619	71.367,62 Euro
4	+95.000 Euro	0,792094	75.248,93 Euro
5	+100.000 Euro	0,747258	74.725,80
6	+90.000 Euro	0,704961	63.446,49
			C_0: +17.654,60

Annuität $= C_0 \cdot KWF_{6/6\%}$

Annuität $= 17.654,60$ Euro $\cdot 0,203363 = 3.590,29$ Euro

3. Hinweise zur Lösung

Die Zahlungsüberschüsse der Zahlungsreihe sind unterschiedlich hoch. Bei genauer Berechnung der Annuität sind diese Zahlungsüberschüsse daher mit dem Abzinsungsfaktor zu diskontieren und unter Einbezug von A_0 zu summieren. Mit dem so ermittelten Kapitalbarwert C_0 lässt sich die Annuität mit dem Kapitalwiedergewinnungsfaktor einfach und sicher berechnen.

4. Literaturempfehlung

Röhrich, Martina (2014): Grundlagen der Investitionsrechnung. Darstellung anhand einer Fallstudie, 2. Auflage, München 2014, S. 76–78.

Schulte, Gerd (2007): Investition. Investitionscontrolling und Investitionsrechnung, 2. Auflage, München 2007, S. 103–108.

4.2.5   Dynamische Amortisationsrechnung

Aufgabe 1:   Ermittlung der dynamischen Amortisationszeit

Reproduktion, Wiedergabe des gelernten Wissens und Anwendung des Wissens	15

1. Aufgabenstellung

Eine Investition weist eine Anschaffungsauszahlung von 90.000 Euro auf, läuft über 10 Jahre und generiert in jeder Periode gleichbleibende Rückflüsse in Höhe von 15.000 Euro. Ein Restwert liegt nach Investitionsende nicht vor, der Kalkulationszins beträgt 5 %.

Nach welcher Zeit ist die Investition nach der dynamischen Methode amortisiert.

2. Lösung

Tab. 44:   Tabelle zur dynamischen Amortisationsrechnung

Jahr	Rückfluss	AbF	Barwert des Rückflusses	Kumulierter Barwert	A_0 abzgl. kumulierter Barwert
1	15.000	0,952381	14.285,72	14.285,72	75.714,28
2	15.000	0,907029	13.605,44	27.891,16	62.108,84
3	15.000	0,863838	12.957,57	40.848,73	49.151,27
4	15.000	0,822702	12.340,53	53.189,26	36.810,74
5	15.000	0,783526	11.752,89	64.942,15	25.057,85
6	15.000	0,746215	11.193,23	76.135,38	13.864,62
7	15.000	0,710681	10.660,22	86.795,60	3.204,40
8	15.000	0,676839	10.152,59	96.948,19	− 6.948,19

Die Amortisation erfolgt im achten Nutzungsjahr. Genauere Zeitpunktermittlung über die lineare Interpolation:

10.152,59 Euro = 1 Jahr

3.204,40 Euro = 0,315 Jahre

Gesamte Amortisationszeit : 7,315 Jahre

3. Hinweise zur Lösung

Die Musterlösung zeigt den ausführlichen Weg über die Abzinsungsfaktoren. Dieser Lösungsweg ist aufgrund der Vielzahl der Berechnungen sehr zeitaufwendig und fehleranfällig.

Liegen pro Periode gleichhohe Zahlungsüberschüsse vor, kann mit dem DSF weitaus einfacher und schneller die Überschreitung der kumulierten Einzahlungsüberschüsse über die Anschaffungsauszahlung ermittelt werden. Hierzu schätzt man einfach zwei Perioden, innerhalb derer eine Amortisation erfolgen könnte und errechnet die jeweiligen Kapitalbarwerte der Einzahlungsüberschüsse.

Für die Aufgabenstellung wird der Barwert exemplarisch nach der sechsten und der nach der achten Periode ermittelt:

$$C_{06} = 15.000 \cdot DSF_{6/5\,\%} \qquad C_{06} = 15.000 \cdot 5{,}075692 = 76.135{,}38$$
$$C_{08} = 15.000 \cdot DSF_{8/5\,\%} \qquad C_{08} = 15.000 \cdot 6{,}463213 = 96.948{,}20$$

Jetzt nimmt man die Interpolation vor:

$$20.812{,}82 \text{ Euro*} = 2 \text{ Jahre} \qquad *96.948{,}20 - 76.135{,}38$$
$$13.864{,}62 \text{ Euro*} = 1{,}331 \text{ Jahre} \qquad *90.000{,}00 - 6.135{,}38$$

Die gesamte Amortisation beträgt hier 7,331 Jahre (6 Jahre + 1,331 Jahre). Die Abweichung gegenüber der ausführlichen Lösung liegt in der gröberen Interpolation zwischen dem sechsten und achten Nutzungsjahr begründet. Hätte man mit dem DSF nach sieben Jahren den Barwert errechnet, wäre das Ergebnis mit dem der ausführlichen Lösung identisch. Für Zwecke der praktischen Investitionsrechnung sind derartige Abweichungen völlig unbedeutend und damit hinnehmbar.

4. Literaturempfehlung

Röhrich, Martina (2014): Grundlagen der Investitionsrechnung. Darstellung anhand einer Fallstudie, 2. Auflage, München 2014, S. 86–89.

Schulte, Gerd (2007): Investition. Investitionscontrolling und Investitionsrechnung, 2. Auflage, München 2007, S. 119–121.

Aufgabe 2:   Ermittlung des für eine Amortisation notwendigen Rückflusses

Reproduktion, Wiedergabe des gelernten Wissens und Anwendung des Wissens	5

1. Aufgabenstellung

Der Investor aus der Aufgabe 1 zur dynamischen Amortisation fordert, dass sich die Investition nach 5 Jahren amortisiert haben sollte. Welchen Wert müssen die gleichbleibend hohen Rückflüsse einnehmen, damit sich die Forderung des Investors erfüllt?

2. Lösung

Jährliche Rückflüsse = $A_0 \cdot KWF_{5/5\,\%}$

90.000 Euro $\cdot$ 0,230975 = 20.787,75 Euro

3. Hinweise zur Lösung

Gesucht werden gleichbleibend hohe Rückflüsse, die nach fünf Jahren abgezinst und summiert die Anschaffungsauszahlung verdient haben. Diese Rechenoperation nimmt man mit dem Kapitalwiedergewinnungsfaktor (Kehrwert des DSF) vor.

4. Literaturempfehlung

Röhrich, Martina (2014): Grundlagen der Investitionsrechnung. Darstellung anhand einer Fallstudie, 2. Auflage, München 2014, S. 86–89.

Schulte, Gerd (2007): Investition. Investitionscontrolling und Investitionsrechnung, 2. Auflage, München 2007, S. 119–121.

Aufgabe 3:   Berechnung der dynamischen Amortisationszeit für Aufgabe 3 zur statischen Amortisation

Reproduktion, Wiedergabe des gelernten Wissens und Anwendung des Wissens	25

1. Aufgabenstellung

Der Fährmann am Rhein aus Aufgabe 3 der statischen Amortisationsrechnung (vgl. Abschnitt 4.1.4) möchte seine Investitionsentscheidung mit Hilfe der dynamischen Amortisation und einer weiteren dynamischen Methode treffen.

a) Berechnen Sie die dynamische Amortisationszeit der beiden Fähren unter Verwendung eines Kalkulationszinses von 6 %.

b) Die Amortisationsrechnung wird in der Praxis häufig mit anderen dynamischen Methoden kombiniert. Schlagen Sie eine einfache zusätzliche dynamische Methode vor, und überprüfen Sie damit die Vorteilhaftigkeitsentscheidung aus a).

2. Lösung

Zu a):

Fähre Titanic:

$A_0 = \text{Einzahlungsüberschuss} \cdot DSF_{x/6\,\%}$

$$DSF_{x/6\,\%} = \frac{A_0}{\text{Einzahlungsüberschuss}}$$

$$DSF_{x/6\,\%} = \frac{800.000}{70.000} = 11,428571$$

$DSF_{19/6\,\%} = 11,158116$

$DSF_{20/6\,\%} = 11,469921$

$0,311805\ \text{Einheiten}_{DSF} = 1\ \text{Jahr}$

$0,270455\ \text{Einheiten}_{DSF} = 0,87\ \text{Jahre}$

Gesamtamortisationszeit: 19,87 Jahre

Die Fähre Titanic ist nach 19,87 Jahren amortisiert, das entspricht 79,48 % der fünfundzwanzigjährigen Gesamtnutzungsdauer.

Fähre Traumschiff:

$$DSF_{x/6\,\%} = \frac{750.000}{75.000} = 10$$

$DSF_{15/6\,\%} = 9,712249$

$DSF_{16/6\,\%} = 10,105895$

$0,393646\ \text{Einheiten}_{DSF} = 1\ \text{Jahr}$

$0,287751\ \text{Einheiten}_{DSF} = 0,73\ \text{Jahre}$

Gesamtamortisationszeit: 15,73 Jahre

Die Fähre Traumschiff ist nach 15,73 Jahren amortisiert, das entspricht 78,65 % der zwanzigjährigen Gesamtnutzungsdauer.

Zu b):

Kapitalbarwert Titanic:

$$C_0 = -800.000 \, \text{Euro} + 70.000 \, \text{Euro} \cdot DSF_{25/6\,\%} = 94.834,92 \, \text{Euro}$$

Kapitalbarwert Traumschiff:

$$C_0 = -750.000 \, \text{Euro} + 75.000 \, \text{Euro} \cdot DSF_{20/6\,\%} = 110.244,07 \, \text{Euro}$$

3. Hinweise zur Lösung

Bei restwertlosen Investitionen mit gleichbleibenden Zahlungsüberschüssen kann man auch über den DSF die Amortisationszeit ermitteln. In dem Fall sind A_0 und der über die Nutzungsdauer gleichhohe Einzahlungsüberschuss bekannt. Gesucht wird demnach ein DSF bei 6 %. Diese DSF lässt sich leicht durch die Umstellung der Kapitalbarwertformel errechnen:

$$DSF = \frac{A_0}{\text{Einzahlungsüberschuss}}$$

In dem Fall ergibt sich bei der Fähre Titanic ein DSF von 11,428571. Dieser liegt zwischen den $DSF_{19/6\,\%}$ und $DSF_{20/6\,\%}$. Über die Interpolation zwischen den DSF's gelangt man zu der unterjährigen Amortisationszeit, die man dann lediglich noch zu den 19 Jahren hinzurechnet.

Die Amortisationsrechnung liefert noch keine eindeutige Information hinsichtlich der Vorteilhaftigkeit, denn beide Objekte amortisieren sich nach ca. 78 bis 79 % der Gesamtnutzungsdauer, wobei das Traumschiff sich wegen der geringeren Nutzungsdauer absolut um 4,14 Jahre früher amortisiert.

Die Kapitalbarwerte der beiden Investitionen zeigen, dass das Traumschiff bei einem Kalkulationszins von 6 % im Vorteil ist.

4. Literaturempfehlung

Röhrich, Martina (2014): Grundlagen der Investitionsrechnung. Darstellung anhand einer Fallstudie, 2. Auflage, München 2014, S. 86–89.

Schulte, Gerd (2007): Investition. Investitionscontrolling und Investitionsrechnung, 2. Auflage, München 2007, S. 119–121.

4.2.6 Dynamische Investitionsrechnung im Methodenmix

Aufgabe 1: Kapitalbarwert, interner Zins, Amortisation und Annuität einer vorgegebenen Zahlungsreihe

Reproduktion, Wiedergabe des gelernten Wissens und Anwendung des Wissens	20

1. Aufgabenstellung

Gegeben ist folgende Zahlungsreihe eines Investitionsprojekts:

Tab. 45: Tabelle zur Zahlungsreihe eines Investitionsprojekts

Zeitpunkt	Überschuss in T Euro
0	−300
1	85
2	85
3	85
4	105

Kalkulationszinssatz: 6 %

a) Ermitteln Sie den Kapitalbarwert.
b) Wie hoch ist der interne Zins?
c) Ermitteln Sie die dynamische Amortisationsdauer.
d) Ermitteln Sie die Annuität.

Hinweis: Runden Sie Ihre Ergebnisse auf zwei Nachkommastellen.

2. Lösung

Zu a):

$$C_0 = 85 \cdot DSF_{4/6\,\%} + 20 \cdot ABF_{4/6\,\%} - 300$$

$$C_0 = 85 \cdot 3,465106 + 20 \cdot 0,792094 - 300$$

$$C_0 = 10,38 \text{ T Euro}$$

Zu b):

Zweiter Kapitalbarwert bei 8 %:

$$C_0 = 85 \cdot DSF_{4/8\%} + 20 \cdot ABF_{4/8\%} - 300 = -3,77 \text{ T Euro,}$$

$$i_{intern} = i_1 - C_{01} \cdot \frac{i_2 - i_1}{C_{02} - C_{01}} = 0,06 - 10,38 \cdot \frac{0,08 - 0,06}{-3,77 - 10,38} = 7,47 \text{ \%.}$$

Zu c):

Tab. 46: Tabelle zur dynamischen Amortisationsdauer (in T Euro)

Jahr	Rückfluss	AbF	Barwert des Rückflusses	Kumulierter Barwert	A_0 abzgl. kumulierter Barwert
1	85	0,943396	80,19	80,19	219,81
2	85	0,889996	75,65	155,84	144,16
3	85	0,839619	71,37	227,21	72,79
4	105	0,792094	83,17	310,38	− 10,38

83,17 T Euro = 1 Jahr

72,79 T Euro = 0,88 Jahre

dynamische Amortisation nach 3,88 Jahren

Zu d):

$Ann = C_0 \cdot KWF_{4/6\%}$

$Ann = 10,38 \cdot 0,288591 = 3,00$ T Euro.

3. Hinweise zur Lösung

Bei einer vorgegebenen Zahlungsreihe liegt das Hauptaugenmerk auf der fehler-freien Anwendung der bereits behandelten dynamischen Investitionsrechnungsme-thoden. Sollten Probleme beim Lösen der Teilaufgaben auftreten, wiederholen Sie bitte die Ausführungen zu den jeweiligen Methoden.

4. Literaturempfehlung

Siehe Literaturempfehlungen zu den jeweiligen dynamischen Investitionsrechnungsver-fahren.

Aufgabe 2: Langfristige Investition mit Anpassung der Zahlungsüberschüsse und des Restwertes

Reproduktion, Wiedergabe des gelernten Wissens und Anwendung des Wissens	20

1. Aufgabenstellung

Ein Grundstück kann zu 400.000 Euro erworben werden und wird über 30 Jahre langfristig verpachtet. Die Pachtzahlung erfolgt nachschüssig zum Jahresende und macht anfänglich 4 % des Kaufpreises aus. Alle zehn Jahre erfolgt eine Erhöhung der Pacht um 10 %. Der Grundstückseigentümer rechnet bei dem Grundstück mit einer jährlichen Wertsteigerung von 1,5 %. Laufende Grundabgaben wie z. B. Grundsteuer usw. übernimmt der Pächter.

a)   Stellen Sie die Zahlungsreihe auf.
b)   Ermitteln Sie den Kapitalbarwert der Investition bei einem Zins von 5 %.
c)   Wie hoch ist der interne Zins?

2. Lösung

Zu a):

t_0 :	-400.000 Euro
t_1 bis t_{10}:	$+16.000$ Euro
t_{11} bis t_{20}:	$+17.600$ Euro
t_{21} bis t_{29}:	$+19.360$ Euro
t_{30}:	$+644.592$ Euro

Zu b):

$$C_0 = -A_0$$
$$+ DSF_{10/5\,\%} \cdot 16.000$$
$$+ DSF_{10/5\,\%} \cdot 17.600 \cdot AbF_{10/\,5\,\%}$$
$$+ DSF_{9/5\,\%} \cdot 19.360 \cdot AbF_{20/\,5\,\%}$$
$$+ AbF_{30/5\,\%} \cdot 644.592$$

$$C_0 = -400.000$$
$$+ 7,721735 \cdot 16.000$$
$$+ 7,721735 \cdot 17.600 \cdot 0,613913$$
$$+ 7,107822 \cdot 19.360 \cdot 0,376889$$
$$+ 0,231377 \cdot 644.592$$

$$C_0 = +7.986,58$$

Zu c):

Kapitalbarwert bei 6 % : -56.617

Lösung über Regula Falsi:

$$i_{intern} = i_1 - C_{01} \cdot \frac{i_2 - i_1}{C_{02} - C_{01}}$$

$$i_{intern} = 0,05 - 7.987 \cdot \frac{0,06 - 0,05}{-56.617 - 7.987} = 0,0512$$

Der interne Zins liegt etwa bei 5,12 %.

3. Hinweise zur Lösung

Zu a): Der Kaufpreis des Grundstücks in Höhe von 400.000 Euro stellt A_0 dar. Die Pachtzahlung beträgt in den ersten 10 Jahren konstant 16.000 Euro (4 % von 400.000 Euro). In den Jahren 11 bis 20 erhöht sich die jährliche Pachtzahlung um 10 % auf 17.600 Euro, ab dem 21. Jahr ist eine Jahrespacht von 19.360 Euro fällig. Die Erwartungen der Grundstückswertentwicklung gehen von einer jährlichen Wertsteigerung von 1,5% aus, sodass sich der Wert nach 30 Jahren auf 625.232 Euro ($1,015^{30} \cdot 400.000$) beläuft. Dieser Wert ist mit einem Restwert gleichzusetzen, da sich das Grundstück nach der Pachtzeit wieder vollständig in den Verfügungsbereich des Grundstückseigentümers befindet. Die letzte Zahlung in t_{30} ergibt sich aus der Addition der Pacht (19.360 Euro) und des Grundstückswertes (625.232 Euro).

Zu b): Obwohl die jährlichen Pachtzahlungen nicht konstant sind, sollte man bei dieser langen Zeit nicht nur mit dem AbF operieren. Durch die Zerlegung der Zahlungsreihe in drei Abschnitte ist der Rechenaufwand nicht so hoch und die Fehleranfälligkeit sinkt. Es ist allerdings daran zu denken, dass die zweite und dritte Zahlungsreihe um 10 bzw. 20 Jahre abzuzinsen ist. Die letzte Pacht und der Restwert sind zusammengefasst und werden mit dem AbF auf t_0 abgezinst. Andere Rechenwege sind durchaus anwendbar.

Zu c): Nach dem Rechenweg in b) ist ein weiterer Kapitalbarwert zu berechnen. Da der in b) ausgerechnete Kapitalbarwert mit 7.987 Euro schon nahe null liegt, kann der zweite Zins mit 6 % gewählt werden.

Die Näherungslösung lässt sich über Regula Falsi berechnen. Der genaue Wert liegt bei 5,112 %. Werte zwischen 5,10 % und 5,12 % sind durchaus akzeptabel.

4. Literaturempfehlung

Siehe Literaturempfehlungen zu den jeweiligen dynamischen Investitionsrechnungsverfahren.

Aufgabe 3: Kapitalbarwert, interne Verzinsung und Selbstläuferinvestition

Reproduktion, Wiedergabe des gelernten Wissens und Anwendung des Wissens	30

1. Aufgabenstellung

Ein Investor erwägt den Kauf einer Ferienwohnung an der Ostsee. Der ortsansässige Immobilienmakler macht ihm folgende Vorschläge:

Tab. 47: Tabelle Immobilienangebote

Daten	Immobilie A	Immobilie B
Kaufpreis	160.000 Euro	140.000 Euro
Jährliche Mieteinnahmen	18.600 Euro	13.700 Euro
Jährliche Unterhaltskosten	2.160 Euro	1.920 Euro
Erwartete Wertsteigerung der Immobilien	1,5 % p. a.	1,5 % p. a.

Der Investor kalkuliert mit einem Zins von 5 % und möchte die Immobilie nach 15 Jahren wieder veräußern.

a) Wie hoch sind die Kapitalbarwerte der beiden Immobilien?
b) Wie hoch sind die internen Verzinsungen der Immobilien?
c) Die Immobilie soll ohne Eigenkapital voll mit einem Darlehen mit einem Nominalzins von 5 % und jährlicher Tilgung in gleichen Raten finanziert werden. Die aus der jeweiligen Immobilie stammenden Rückflüsse dienen als jährliche Annuität. Wie hoch sind die von der Bank gewährten Kredite der beiden Immobilien? Treffen Sie dabei auch eine Aussage zu diesen Investitionsmöglichkeiten hinsichtlich des erforderlichen Eigenkapitaleinsatzes des Investors.

2. Lösung

Zu a):

Immobilie A:

Liquidationserlös nach 15 Jahren: $160.000 \text{ Euro} \cdot 1,015^{15} = 200.037$

$C_0 = -160.000 + (18.600 - 2.160) \cdot \text{DSF}_{15/5\,\%} + 200.037 \cdot \text{AbF}_{15/5\,\%} = 106.862,77$

Immobilie B:

Liquidationserlös nach 15 Jahren: 140.000 Euro $\cdot$ 1,015^{15} = 175.032

$C_0 = -140.000 + (13.700 - 1.920) \cdot DSF_{15/5\%} + 175.032 \cdot AbF_{15/5\%} = 66.465,74$

Zu b):

Immobilie A:

Lösung über das Regula-Falsi-Verfahren:

Versuchszins 1: 10 %   Faktoren: $DSF_{15/10\%} = 7,606080$ $AbF_{15/10\%} = 0,239392$

$C_{010\%} = -160.000 + (18.600 - 2.160) \cdot 7,606080 + 200.037 \cdot 0,239392 = +12.931,21$

Versuchszins 2: 12 %   Faktoren: $DSF_{15/12\%} = 6,810864$ $AbF_{15/12\%} = 0,182696$

$C_{012\%} = -160.000 + (18.600 - 2.160) \cdot 6,810864 + 200.037 \cdot 0,182696 = -11.483,45$

$$i_{intern} = i_1 - C_{01} \cdot \frac{i_2 - i_1}{C_{02} - C_{01}}$$

$$i_{intern} = 0,10 - 12.931,21 \cdot \frac{0,12 - 0,10}{-11.483,45 - 12,931,21} = 0,1106$$

Die interne Verzinsung der Immobilie A liegt ca. bei 11,06 %.

Immobilie B:

Lösung über das Regula-Falsi-Verfahren:

Versuchszins 1: 8 %   Faktoren: $DSF_{15/8\%} = 8,559477$ $AbF_{15/8\%} = 0,315242$

$C_{08\%} = -140.000 + (13.700 - 1.920) \cdot 8,559477 + 175.032 \cdot 0,315242 = +16.008,07$

Versuchszins 2: 10 %   Faktoren: $DSF_{15/10\%} = 7,606080$ $AbF_{15/10\%} = 0,239392$

$C_{010\%} = -140.000 + (13.700 - 1.920) \cdot 7,606080 + 175.032 \cdot 0,239392 = -8.499,12$

$$i_{intern} = i_1 - C_{01} \cdot \frac{i_2 - i_1}{C_{02} - C_{01}}$$

$$i_{intern} = 0,08 - 16.008,07 \cdot \frac{0,10 - 0,08}{-8.499,12 - 16.008,07} = 0,0931$$

Die interne Verzinsung der Immobilie B liegt ca. bei 9,31 %.

Zu c):

Immobilie A:

Annuität Immobilie A: 18.600 Euro – 2.160 Euro = 16.440 Euro

Kredithöhe Immobilie A: 16.440 Euro $\cdot$ $DSF_{15/5\%}$ = 170.641,57 Euro

Das heißt, der Investor kann mit den zu erzielenden jährlichen Einzahlungsüberschüssen in Höhe von 16.440 bei 5 % Nominalzins einen Kredit von 170.641,57 Euro aufnehmen. So bleiben ihm gleich zu Beginn der Investition 10.641,57 Euro (170.641,57 Euro abzüglich der Investitionssumme von 160.000 Euro) und der Liquidationswert der Immobilie nach 15 Jahren in Höhe von 200.037 Euro. Wenn die Prognosen richtig sind, ist die Investition sozusagen ein „Selbstläufer" ohne Eigenkapitaleinsatz.

Immobilie B:

Annuität Immobilie B: 13.700 Euro – 1.920 Euro = 11.780 Euro

Kredithöhe Immobilie B: 11.780 Euro · $DSF_{15/5\%}$ = 122.272,37 Euro

Das heißt, der Investor kann mit den zu erzielenden jährlichen Einzahlungsüberschüssen in Höhe von 11.780 bei 5 % Nominalzins einen Kredit von 122.272,37 Euro aufnehmen. So muss er gleich zu Beginn der Investition 17.727,63 Euro (122.272,37 Euro abzüglich der Investitionssumme von 140.000 Euro) aus der eigenen Tasche dazulegen. Nach 15 Jahren erzielt er einen Liquidationswert der Immobilie in Höhe von 175.032 Euro. Wenn die Prognosen richtig sind, ist die Investition immer noch eine sehr gute Anlage, allerdings kein „Selbstläufer" wie Immobilie A.

3. Hinweise zur Lösung

Die Berechnung der Kapitalbarwerte dürfte nach dem Bearbeiten der bisherigen Aufgaben keine Probleme aufwerfen.

Bei der Ermittlung des internen Zinses sollten Sie selbst nach geeigneten Versuchszinsen Ausschau halten. Die genauesten Näherungswerte des internen Zinses findet man, in dem man das Zinsintervall möglichst klein hält und Zinsen wählt, bei denen ein positiver und ein negativer C_0 entsteht. Die genauesten Lösungen für den internen Zins der beiden Immobilien lauten:

Immobilie A: 11,00 %,

Immobilie B: 9,25 %.

Aufgabenteil c) bezieht eine günstige Finanzierung der Investition ein und zeigt, wie viel Eigenkapital der Investor aufbringen muss. Die Aussagen hinsichtlich der Investition als „Selbstläufer" ohne Eigenkapitaleinsatz (Immobilie A) könnten aus einem Anlageprospekt stammen, mit dem man Investoren ködern möchte. Bei der Datenlage stimmen die Aussagen, kritisch ist jedoch, ob die prognostizierten Zahlungen (Mieteinnahmen, Unterhaltskosten und gestiegene Liquidationserlöse) über die Dauer von 15 Jahren realistisch sind.

4. Literaturempfehlung

Siehe Literaturempfehlungen zu den jeweiligen dynamischen Investitionsrechnungsverfahren.

Aufgabe 4:   Kapitalbarwerte, Verlauf Kapitalbarwertfunktion,
              interne Zinsfüße einer zusammengesetzten Investition

Reproduktion, Wiedergabe des gelernten Wissens und Anwendung des Wissens, Zusammenhänge erkennen	30

1. Aufgabenstellung

Ihnen liegen folgende Informationen zu einer zusammengesetzten Investition vor:

Tab. 48:   Zahlungsreihe einer zusammengesetzten Investition

Anschaffungsausgabe:	140.000 €
Einzahlungsüberschuss Periode 1:	330.000 €
Auszahlungsüberschuss Periode 2:	193.000 €

a)   Ermitteln Sie die Kapitalbarwerte zu folgenden Zinsen:

C_0 bei 0 %	C_0 bei 5 %	C_0 bei 10 %	C_0 bei 25 %	C_0 bei 30 %

b)   Stellen Sie die Kapitelbarwertfunktion anhand der Werte aus a) grafisch dar.
     Bezeichnen Sie dabei unbedingt auch die Achsen des Koordinatensystems.

Abb. 17:   Koordinatensystem für die Kapitalwertkurve

c) Bestimmen Sie rechnerisch das Zinsintervall auf zwei Nachkommastellen, in
    dem die Investition vorteilhaft arbeitet.

2. Lösung

Zu a):

C_0 bei 0 %	C_0 bei 5 %	C_0 bei 10 %	C_0 bei 25 %	C_0 bei 30 %
−3.000	−771	+496	+480	−355

Zu b):

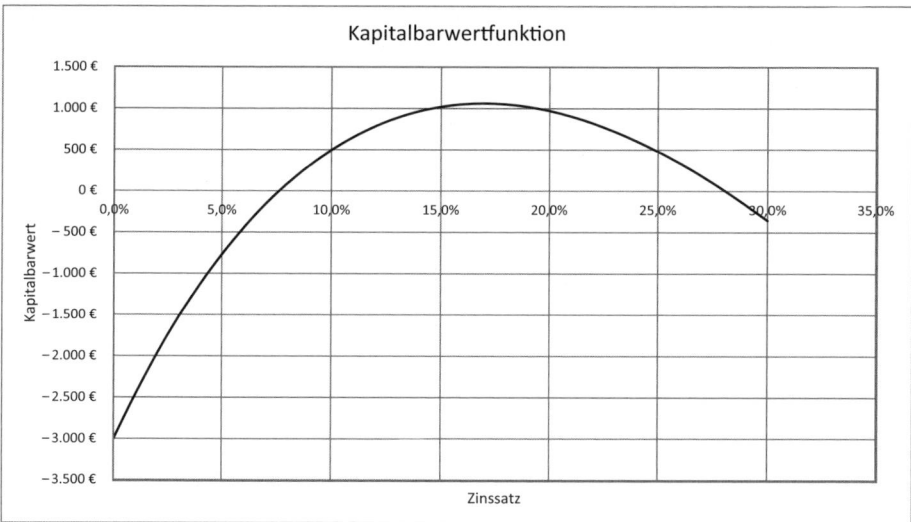

Abb. 18:   Kapitalwertkurve

Zu c):

Es gilt bei i_{intern}: $C_0 = 0$

$$0 = -140.000 + \frac{330.000}{1+i} + \frac{-193.000}{(1+i)^2}$$

$$140.000 = \frac{330.000}{1+i} - \frac{193.000}{(1+i)^2}$$

$$140.000 = \frac{330.000 \cdot (1+i) - 193.000}{(1+i)^2}$$

$$140.000 \cdot (1+i)^2 = 330.000 + 330.000i - 193.000$$

$$140.000 \cdot (1 + 2i + i^2) = 137.000 + 330.000i$$

$$140.000 + 280.000i + 140.000i^2 = 137.000 + 330.000i$$

$$140.000i^2 - 50.000i + 3.000 = 0$$

$$i^2 - 0,3571428i + 0,0214285 = 0$$

$$i^2 - 0,3571428i = -0,0214285$$

$$i^2 - 0,3571428i + 0,1785714^2 = -0,0214285 + 0,1785714^2$$

$$(i - 0,1785714)^2 = 0,0104592$$

$$i - 0,1785714 = +/-0,1022702$$

$$i_1 = 0,0763 \quad \text{entspricht } 7,63\ \%$$

$$i_2 = 0,2808 \quad \text{entspricht } 28,08\ \%$$

Lösungsalternative über Regula Falsi:

Interner Zins bei Eintritt in die Vorteilhaftigkeit:

C_{01} bei $i_1 = 5\ \%$ liegt bei –771 Euro (siehe Aufgabenteil a));
C_{01} bei $i_1 = 10\ \%$ liegt bei +496 Euro (siehe Aufgabenteil a)).

$$i = i_1 - C_{01} \cdot \frac{i_2 - i_1}{C_{02} - C_{01}}$$

$$i = 0,05 + 771 \cdot \frac{0,10 - 0,05}{496 - (-771)}$$

$$i = 0,0804 \qquad \text{entspricht } 8,04\ \%$$

Interner Zins bei Austritt aus der Vorteilhaftigkeit:

C_{01} bei $i_1 = 25\ \%$ liegt bei +480 Euro (siehe Aufgabenteil a));
C_{01} bei $i_1 = 30\ \%$ liegt bei –355 Euro (siehe Aufgabenteil a)).

$$i = i_1 - C_{01} \cdot \frac{i_2 - i_1}{C_{02} - C_{01}}$$

$$i = 0,25 - 480 \cdot \frac{0,30 - 0,25}{-355 - (+480)}$$

$$i = 0,2787 \qquad \text{entspricht } 27,87\ \%$$

3. Hinweise zur Lösung

In der vorliegenden Aufgabe werden die Probleme einer sogenannten zusammengesetzten Investition aufgegriffen. Zusammengesetzte Investitionen erkennt man grundsätzlich am mehrfachen Vorzeichenwechsel der Zahlungsreihe. Isoliert durchführbare Investitionen wechseln ihr Vorzeichen von Auszahlungsüberschuss zum Einzahlungsüberschuss nur ein Mal. Bei zusammengesetzten Investitionen wechseln die Vorzeichen der Zahlungen mindestens zwei Mal. In der Praxis findet man solche Fälle bei Investitionen, die zum Investitionsende Auszahlungsüberschüsse in Form von Rückbaumaßnahmen generieren (z. B. Atomkraftwerk).

Beim Vorliegen einer zusammengesetzten Investition ist es nicht ausgeschlossen, dass es mehr als einen internen Zinssatz geben kann.

In der Klausuraufgabe handelt es sich um eine solche zusammengesetzte Investition, weil das Vorzeichen der Zahlungsreihe zwei Mal wechselt (von -140.000 € in t_0 auf $+330.000$ € in t_1 und wieder auf -193.000 € in t_3). Die Berechnung der Kapitalbarwerte im Aufgabenteil a) bestätigt die Annahme, dass es mehrere positive interne Zinsfüße gibt. Bei 0 % und 5 % ergeben sich negative Kapitalbarwerte, bei 10 % und 15 % sind die Kapitalbarwerte positiv, während der Zins von 30 % den Wert wieder negativ werden lässt. Diese Aspekte wurden im Aufgabenteil b) über das Anfertigen der Zeichnung nochmal verdeutlicht. Beim Zeichnen war es dann ausreichend, wenn die fünf Wertepaare aus dem Aufgabenteil a) einfach verbunden wurden und man den Ein- und Austritt in die Vorteilhaftigkeit grob erkennen konnte.

Die Berechnung der beiden internen Zinsfüße im Teil c) kann mathematisch genau durch Auflösung der Kapitalbarwertfunktion ($C_0 = -140.000 + 330.000 \cdot (1+i)^{-1} - 193.000 \cdot (1+i)^{-2}$) berechnet werden. Etwas ungenauer ist das Ergebnis bei Anwendung des Regula-Falsi-Verfahrens, weil das Zinsintervall mit den Ergebnissen aus dem Aufgabenteil a) zu grob ist. In der Bewertung der Klausuraufgabe wurden beide Lösungswege bei richtiger Ausführung mit der vollen Punktzahl versehen.

Den Studierenden bereitete die Aufgabe Probleme. Nicht wenige interpretierten die Zahlungsreihe falsch, weil sie mit den Begriffen Ein- und Auszahlungsüberschuss nichts anfangen konnten oder diesen wichtigen Hinweis schlichtweg übersahen. Andere wiederum hatten Probleme mit der Berechnung des Zinsintervalls für den vorteilhaften Bereich. Hier half dann auch der Hinweis mit dem vorteilhaften Zinsintervall im Teil c) nicht weiter. Ein Großteil der Klausurteilnehmer löste die gestellte Aufgabe jedoch völlig unproblematisch, weil sie offenbar durch entsprechende Übungsaufgaben und dem Wissen um die Probleme zusammengesetzter Investitionen vorbereitet waren.

4. Literaturempfehlung

Blohm, Hans; Klaus Lüder und Christina Schaefer (2006): Investition, 9. Auflage, München 2006, S. 84–91.

4.3   Investitionsentscheidungen ohne Vorgabe der Methode

Aufgabe 1:   Anschaffung einer Waschmaschine

Reproduktion, Wiedergabe des gelernten Wissens und Anwendung des Wissens	15

1. Aufgabenstellung

Hausfrau Elfriede K. argumentiert im Rahmen der Anschaffung einer neuen Waschmaschine gegenüber ihrem Ehemann Friederich K. wie folgt: Kauf einer Waschmaschine mit einer Lebensdauer von 10 Jahren mit größerem Fassungsvermögen, weil man damit die Bettdecken einmal pro Jahr waschen könne. Schließlich spare man damit die Kosten für das Reinigen in der Wäscherei in Höhe von 20 Euro.

Ehemann Friedrich weist darauf hin, dass die Reinigung mit der eigenen Maschine pro Waschgang Betriebskosten von 3 Euro ausmache und dass die Maschine mit dem größeren Fassungsvermögen auch in der Anschaffung teurer sei.

Wie viel darf die Maschine mit dem übergroßen Fassungsvermögen teurer sein, wenn sich Elfriede und Friederich K. auf einen Kalkulationszins von 7 % einigen können.

2. Lösung

Annuitätenmethode:

Die Ersparnis durch das Selbstwaschen der Bettdecken in Höhe von jährlich 17 Euro stellt eine Annuität dar. Der Barwert (des erlaubten höheren Anschaffungspreises) errechnet sich wie folgt:

$17 \cdot DSF_{10/7\,\%}$:
$17 \cdot 7,023582 = 119,40$

Kostenvergleichsrechnung:

Jährliche Einsparungen beim Waschen der Bettwäsche: 17 Euro

Jährliche Mehrkosten im Kapitaldienst (Abschreibung und Zins) durch Anschaffung der größeren Maschine: 17 Euro

$$\frac{\text{Anschaffungsmehrkosten}}{\text{Nutzungsdauer}} + \frac{\text{Anschaffungsmehrkosten}}{2} \cdot i = \text{erlaubte Mehrkosten}$$

$$\frac{\text{Anschaffungsmehrkosten}}{10} + \frac{0,07\,\text{Anschaffungsmehrkosten}}{2} = 17\,\text{Euro}$$

$$\frac{\text{Anschaffungsmehrkosten}}{10} + \frac{0,35\,\text{Anschaffungsmehrkosten}}{10} = 17\,\text{Euro}$$

$$\frac{1,35\,\text{Anschaffungsmehrkosten}}{10} = 17\,\text{Euro}$$

$$1,35\,\text{Anschaffungsmehrkosten} = 170\,\text{Euro}$$

$$\text{Anschaffungsmehrkosten} = 125,92\,\text{Euro}$$

3. Hinweise zur Lösung

Das Ehepaar spart durch das Selbstwaschen der Bettdecken jährlich 17 Euro (20 Euro abzgl. eigener Ausgaben von 3 Euro durch das Waschen). Die Investitionsentscheidung kann mit der dynamischen Annuitätenmethode oder mit der statischen Kostenvergleichsmethode gelöst werden.

Bei der Annuitätenmethode stellen die jährlichen Einsparungen die Annuität dar. Mit Hilfe des DSF kann diese Annuität in einen Barwert zu Beginn der Investition umgewandelt werden. Dieser Barwert kann als erlaubte Mehrkosten in der Anschaffung einer größeren Waschmaschine interpretiert werden.

Bei der Kostenvergleichsrechnung stellen die jährlichen Einsparungen die jährlichen erlaubten Mehrkosten durch die höheren Anschaffungskosten dar. Anschaffungskosten gehen in die Abschreibungen und in den Zins ein. Hier erfolgt dann eine Auflösung Kapitalkostengleichung nach den Anschaffungsmehrkosten.

4. Literaturempfehlung

Siehe Literaturempfehlungen zu den jeweiligen Investitionsrechnungsverfahren.

Aufgabe 2:   **Tauglichkeitsvergleich der statischen und dynamischen Investitionsrechnungsverfahren**

Reproduktion, Wiedergabe des gelernten Wissens und Anwendung des Wissens, Beurteilung/Reflexion	**60**

1. Aufgabenstellung

Ein Investor kauft eine Immobilie für 1.900.000 Euro und erzielt damit jährliche Mieteinnahmen von 472.630 Euro. Für das Objekt werden die Betriebskosten (Grundsteuer, Energie und weitere Gebühren und Beiträge) von den Mietern übernommen. Die jährlichen Instandhaltungsaufwendungen für den Werterhalt der Immobilie werden vom Investor übernommen und mit jährlich 281.000 Euro veranschlagt. Der Investor möchte das Objekt 20 Jahre halten und dann zum Preis von 1.900.000 Euro wieder verkaufen. Der Kalkulationszins für die Investitionsrechnung soll bei 6 % liegen.

Rechnen Sie die Investition nach allen anwendbaren statischen und dynamischen Methoden durch. Beurteilen Sie dabei auch die Brauchbarkeit der einzelnen Methoden als Hilfe bei der Investitionsentscheidung.

2. Lösung

Kostenvergleichsverfahren:

Abschreibung p. a. + Zinsen p. a. + Instandhaltung p. a. = Gesamtkosten p. a.

$$\frac{1.900.000 \text{ Euro} - 1.900.000 \text{ Euro}}{20} + \frac{1.900.000 \text{ Euro} + 1.900.000 \text{ Euro}}{2}$$

$$\cdot \, 0,06 + 281.000 \text{ Euro} = 395.000 \text{ Euro}$$

Beurteilung: Das Kostenvergleichsverfahren ist im vorliegenden Fall nicht tauglich, da kein Vergleichsobjekt mit identischen Erlösen vorliegt. Hier wird lediglich ein Überblick über die jährlich anfallenden Kosten gegeben.

Gewinnvergleichsverfahren:

Erlöse − Kosten = Gewinn

472.630 Euro − 395.000 Euro = 77.630 Euro

Beurteilung: Das Gewinnvergleichsverfahren lässt zwar erkennen, dass die Investition einen absoluten durchschnittlichen Gewinnbeitrag pro Periode liefert, es mangelt jedoch an einem Vergleichsobjekt bzw. am Kapitaleinsatz zur Beurteilung der relativen Erfolgsgröße Rentabilität.

Statische Rentabilitätsrechnung:

$$r_{vorZinsen} = \frac{77.630 + 114.000}{1.900.000} = 0,10 \quad \text{also} \quad 10\ \%$$

$$r_{nachZinsen} = \frac{77.630}{1.900.000} = 0,04 \quad \text{also} \quad 4\ \%$$

Beurteilung: Die statische Rentabilität erlaubt eine erste brauchbare Aussage zur Vorteilhaftigkeit der Investition. Die Rentabilität vor Zinsen in Höhe von 10 % macht die Investition mit alternativen Anlagemöglichkeiten (z. B. am Kapitalmarkt) vergleichbar oder zeigt an, ob die Rendite für eine Fremdfinanzierung ausreicht.

Statische Amortisationsrechnung:

$$t_{Amortisation} = \frac{A_0 - RW}{Durchschnittsrückfluss}$$

$$t_{Amortisation} = \frac{1.900.000 - 1.900.000}{472.630 - 281.000} = 0\,Jahre$$

Beurteilung: Die statische Amortisationsrechnung ist hier völlig untauglich, weil A_0 und Restwert identisch sind und sich hierdurch eine rechnerische Amortisationsdauer von 0 Jahren ergibt.

Kapitalbarwertmethode:

$$C_0 = -A_0 + (e-a)\cdot DSF_{20/6\,\%} + RW\cdot AbF_{20/6\,\%}$$

$$C_0 = -1.900.000\ Euro + \left(472.630\ Euro - 281.000\ Euro\right)$$
$$\cdot 11,469921 + 1.900.000\,Euro \cdot 0,311805$$

$$C_0 = +890.410\ Euro$$

Beurteilung: Die Kapitalbarwertmethode liefert eine brauchbare Information zur Investitionsentscheidung, denn der positive Kapitalbarwert gibt den Betrag an, den die Investition bezogen auf den Zeitpunkt t_0 an Mehrwert oberhalb des Kalkulationszinses erwirtschaftet. Die Investition ist absolut vorteilhaft. Hinsichtlich einer relativen Vorteilhaftigkeit lassen sich keine Aussagen treffen, weil kein Vergleichsobjekt zur Berechnung vorliegt.

Interne Zinsfußmethode:

Bei restwertgleichen Anschaffungsauszahlungen mit gleichbleibend hohen Einzahlungsüberschüssen kann der interne Zins vereinfacht wie folgt errechnet werden:

$$i_{intern} = \frac{(e-a)}{A_0}.$$ Die Herleitung dieser Formel finden Sie unter 3. Hinweise zum Herangehen an die Lösung.

Berechnung:

$$i_{intern} = \frac{472.630 - 281.000}{1.900.000} = 0,10086 \quad also \quad 10,086\,\%$$

Mit obiger Formel lässt sich der interne Zins schnell und genau ermitteln. Es ist auch möglich, den internen Zins über Regula Falsi zu ermitteln. Da die statische

Rentabilität vor Zinsen einen Wert von 10 % ergab, sollte der zweite Versuchszinssatz in etwa in diesem Bereich liegen.

$$C_{0\ 10\ \%} = -1.900.000 + DSF_{20/10\ \%} \cdot 191.630 + AbF_{20/10\ \%} \cdot 1.900.000$$

$$C_{0\ 10\ \%} = -1.900.000 + 8,513564 \cdot 191.630 + 0,148644 \cdot 1.900.000$$

$$C_{0\ 10\ \%} = 13.878$$

$$i_{intern} = 0,06 - 890.410 \cdot \frac{0,10 - 0,06}{13.878 - 890.410} = 0,10063 \quad \text{also} \quad 10,063\ \%$$

Beurteilung: Die interne Zinsfußmethode liefert bei aller Kritik[19] im vorliegenden Fall ein brauchbares Ergebnis. Die Kenntnis, dass die interne Verzinsung der Investition oberhalb von 6 % liegen muss, lieferte schon die Kapitalbarrechnung mit dem positiven Kapitalwert. Die exakte Berechnung der internen Verzinsung ist für Fragen einer Finanzierung durchaus von Bedeutung. Hier kann der Investor aus der Höhe der Differenz des internen Zinses und etwaigen Zinskosten einer Finanzierung sein Risiko bestimmen, je größer die Differenz ist, desto geringer ist das Risiko.

Annuitätenmethode:

$$\text{Annuität} = (e - a) - A_0 \cdot KWF_{20/6\ \%} + RW \cdot RVF_{20/6\ \%}$$

$$\text{Annuität} = (472.630\ \text{Euro} - 281.000\ \text{Euro}) - 1.900.000\ \text{Euro} \cdot 0,087185$$
$$+ 1.900.000\ \text{Euro} \cdot 0,027185$$

$$\text{Annuität} = 77.630\ \text{Euro}$$

Oder unter Verwendung des bekannten C_0 aus der Kapitalbarwertrechnung:

$$\text{Annuität} = C_0 \cdot KWF_{20/6\ \%}$$

$$\text{Annuität} = 890.410\ \text{Euro} \cdot 0,087185$$

$$\text{Annuität} = 77.630,40\ \text{Euro}$$

Beurteilung: Die Annuitätenmethode verstetigt lediglich die Zahlungen über die Laufzeit. Im vorliegenden Fall werden A_0 und der Restwert in laufenden Einzahlungsüberschüsse unter Berücksichtigung des Zinses einbezogen. Ökonomisch hat diese Annuität wenig Bedeutung, denn der Betrag in Höhe von 77.630 Euro ist lediglich theoretischer Natur, weil er zu keinem Zeitpunkt im Rahmen der Investition anfällt. Insofern ist diese Methode untauglich für die hier vorliegende Investitionsentscheidung.

---

[19] Vgl. u. a. Kruschwitz (2009) S. 102 ff.

Dynamische Amortisation:

$C_{0\ \text{nach 15 Jahren}} = -1.900.000\ \text{Euro} + DSF_{15/6\,\%} \cdot 191.600\ \text{Euro}$

$C_{0\ \text{nach 15 Jahren}} = -1.900.000\ \text{Euro} + 9,712249 \cdot 191.600\ \text{Euro}$

$C_{0\ \text{nach 15 Jahren}} = -39.133\ \text{Euro}$

$C_{0\ \text{nach 16 Jahren}} = +36.593\ \text{Euro}$

$75.726\ \text{Euro} = \quad 1\ \text{Jahr}$

$39.133\ \text{Euro} = \quad 0,52\ \text{Jahre}$

Gesamte Amortisationszeit: 15,52 Jahre

Beurteilung: Die dynamische Amortisationsrechnung lässt sich im Gegensatz zur statischen Amortisation bei dem hier vorliegenden Investitionsfall zwar rechnen und kommt so zu einem Amortisationszeitpunkt mitten im sechzehnten Investitionsjahr ($t_{\text{Amor.}} = 15,52$ Jahre).

3. Hinweise zur Lösung

Siehe Lösungsskizze unter 2.

Herleitung der Berechnungsformel des internen Zinses bei restwertgleichen Anschaffungsauszahlungen mit gleichbleibend hohen Einzahlungsüberschüssen:

Schritt 1:

Kapitalwertfunktion für restwertgleiche Anschaffungsauszahlungen ($A_0 = RW$) mit identisch hohen Einzahlungsüberschüssen aufstellen:

$$C_0 = -A_0 + (e - a) \cdot \frac{(1+i)^n - 1}{i(1+i)^n} + A_0 \cdot \frac{1}{(1+i)^n}$$

Schritt 2:

Kapitalbarwert (C_0) gleich 0 setzen, denn bei dem gesuchten internen Zins ist der $C_0 = 0$

$$0 = -A_0 + (e - a) \cdot \frac{(1+i)^n - 1}{i(1+i)^n} + A_0 \cdot \frac{1}{(1+i)^n}$$

Schritt 3:

Gleichung nach i auflösen:

$$0 = -A_0 + (e - a) \cdot \frac{(1+i)^n - 1}{i(1+i)^n} + A_0 \cdot \frac{1}{(1+i)^n}$$

$$A_0 - A_0 \cdot \frac{1}{(1+i)^n} = (e-a) \cdot \frac{(1+i)^n - 1}{i(1+i)^n}$$

$$1 - \frac{1}{(1+i)^n} = \frac{(e-a)}{A_0} \cdot \frac{(1+i)^n - 1}{i(1+i)^n}$$

$$\frac{(e-a)}{A_0} = \left[1 - \frac{1}{(1+i)^n}\right] \cdot \frac{i(1+i)^n}{(1+i)^n - 1}$$

$$\frac{(e-a)}{A_0} = \left[1 - \frac{1}{(1+i)^n}\right] \cdot \frac{i}{\left[1 - \frac{1}{(1+i)^n}\right]}$$

$$\frac{(e-a)}{A_0} = i$$

$+A_0 - A_0 * \dfrac{1}{(1+i)^n}$
$: A_0$
$* \dfrac{i(1+i)^n}{(1+i)^n - 1}$
rechts Zähler und Nenner dividieren durch $(1+i)^n$
eckige Klammer kürzen

4. Literaturempfehlung

Siehe Literaturempfehlungen zu den jeweiligen Investitionsrechnungsverfahren.

Aufgabe 3:   Produktlebenszyklus als Investitionsentscheidung

Reproduktion, Wiedergabe des gelernten Wissens und Anwendung des Wissens	**30**

1. Aufgabenstellung

Ein Hersteller hochwertiger HiFi-Anlagen möchte einen neuen Receiver entwickeln, der über vier Jahre hergestellt und abgesetzt werden soll.

Derzeit geht man von folgender Planung aus:

Entwicklungskosten in der Vormarktphase:	470.000 Euro
Zahlungswirksame Zielselbstkosten in den ersten beiden Jahren der Marktphase:	270 Euro/Stück
Zahlungswirksame Zielselbstkosten in den letzten beiden Jahren der Marktphase:	240 Euro/Stück

Der Vertrieb geht davon aus, dass das Produkt im

Einführungsjahr 340 Euro Verkaufserlös bringen wird und danach in jedem weiteren Jahr um 3 % im Preis gesenkt werden muss.

Absatzmengenplanung sieht wie folgt aus:

Jahr 1:   2.000 Stück

Jahr 2:   2.500 Stück

Jahr 3:   3.500 Stück

Jahr 4:   2.000 Stück

Aus der Erfahrung weiß man, dass die Gewährleistungsarbeiten an ähnlichen Produkten ca. bei 2 % der Selbstkosten liegen. Das Gewährleistungswagnis wurde nicht in die oben angegebenen Selbstkosten eingerechnet. Entsorgungskosten fallen nicht an. Das Material wird „Just-in-time" geliefert und verursacht daher keine nennenswerte Kapitalbindung. Das Unternehmen arbeitet mit einem Kalkulationszins von 7 %. Liefern Sie für diesen Fall mit Hilfe der in Frage kommenden Methoden der Investitionsrechnung Daten, die zeigen, ob die Entwicklung und der Vertrieb des Receivers für das Unternehmen vorteilhaft sind.

2. Lösung

Verfahrensauswahl:

Die Kostenvergleichsrechnung eignet sich nicht, da für das Investitionsprojekt Einzahlungen in Form von Umsatzerlösen vorliegen, die die Anwendung der aussagekräftigeren Gewinn-, Rentabilitäts- und Amortisationsverfahren sowie alle dynamischen Methoden zulässt.

Gewinnvergleichsrechnung:

Ein Gewinnvergleich kann hier nicht vorgenommen werden, da alternative Investitionsmöglichkeiten in der Aufgabenstellung nicht genannt sind. Dennoch lässt sich ein durchschnittlicher Periodengewinn ermitteln.

durchschnittlicher Gewinn p. a. = durchschnittliche Erlöse p. a. − durchschnittliche Kosten p. a.

Durchschnittserlöse p. a.:

$$\frac{2.000 \cdot 340 + 2.500 \cdot 329,80 + 3.500 \cdot 319,91 + 2.000 \cdot 310,31}{4} = 811.201,25$$

Durchschnittskosten p. a.:

$$\frac{470.000}{4} + \frac{470.000}{2} \cdot 0,07 + \frac{4.500 \cdot 270 + 5.500 \cdot 240}{4}$$

$$+ \frac{\left(4.500 \cdot 270 + 5.500 \cdot 240\right) \cdot 0,02}{4} = 780.375$$

Durchschnittlicher Gewinn p. a.:

$$811.201,25 - 780.375 = 30.826,25$$

Rentabilitätsrechnung:

$$\text{Rentabilität} = \frac{\text{Gewinn} + \text{Zinsen}}{\text{Durchschnittskapital}}$$

$$\text{Rentabilität} = \frac{30.826,25 + 16.450}{235.000} = 20,12\ \%$$

Amortisationsrechnung:

Durchschnittsrechnung:

$$\frac{470.000}{30.826,25 + 16.450 + 117.500} = 2,85\ \text{Jahre}$$

Kumulationsrechnung:

Tab. 49: Tabelle Kumulationsrechnung

Periode	Rückfluss	Kumulierter Rückfluss
1	Erlöse: 2.000 · 340,00 = 680.000 − Auszahlungen: 2.000 · 275,40 = 550.800 = Rückfluss: 129.200	129.200
2	Erlöse: 2.500 · 329,80 = 824.500 − Auszahlungen: 2.500 · 275,40 = 688.500 = Rückfluss: 136.000	265.200
3	Erlöse: 3.500 · 319,91 = 1.119.685 − Auszahlungen: 3.500 · 244,80 = 856.800 = Rückfluss: 262.885	528.085

262.885 Euro Rückfluss entspricht: 1 Jahr

204.800 Euro Rückfluss entspricht: 0,78 Jahre

Gesamtamortisationszeit nach der Kumulationsrechnung: 2,78 Jahre

Kapitalwertmethode:

Tab. 50: Tabelle Kapitalwertmethode

Periode	Zahlungsflüsse
0	A_0: **470.000**
1	Erlöse: 2.000 · 340,00 = 680.000 − Auszahlungen: 2.000 · 275,40 = 550.800 = Einzahlungsüberschuss: **129.200**
2	Erlöse: 2.500 · 329,80 = 824.500 − Auszahlungen: 2.500 · 275,40 = 688.500 = Einzahlungsüberschuss: **136.000**
3	Erlöse: 3.500 · 319,91 = 1.119.685 − Auszahlungen: 3.500 · 244,80 = 856.800 = Einzahlungsüberschuss: **262.885**
4	Erlöse: 2.000 · 310,31 = 620.620 − Auszahlungen: 2.000 · 244,80 = 489.600 = Einzahlungsüberschuss: **131.020**

$$C_{0\,7\%} =$$
$$- \ 470.000$$
$$+ \ 129.200 \ \cdot \ 0,934579$$
$$+ \ 136.000 \ \cdot \ 0,873439$$
$$+ \ 262.885 \ \cdot \ 0,816298$$
$$+ \ 131.020 \ \cdot \ 0,762895$$
$$= \ 84.082,29$$

Interne Zinsfußmethode:

Die statische Rentabilitätsrechnung ergab eine Rendite von ca. 20 %. Nach der Kapitalwertmethode wurde bei 7 % ein betragsmäßig ansprechender Überschuss von ca. 84.000 Euro berechnet. Bei der Suche nach geeigneten Versuchszinssätzen für die Regula-Falsi-Methode soll wie folgt vorgegangen werden:

Ermittlung durchschnittliche Rückflüsse für Überschlagsrechnung mit DSF:

$$\frac{129.200 + 136.000 + 262.885 + 131.020}{4} = 164.776,25 .$$

Bestimmung des DSF bei $C_0 = 0$

$$0 = -470.000 + 164.776 \cdot DSF$$

$$DSF = \frac{470.000}{164.776} = 2,852$$

Suche geeigneter Versuchszinssätze:

i: 14 %

$$\frac{1,14^4 - 1}{0,14 \cdot 1,14^4} = 2,914$$

i: 15%

$$\frac{1,15^4 - 1}{0,15 \cdot 1,15^4} = 2,855 .$$

Berechnung der C_0 mit 14 % und 15 %:

$$C_{0\ 14\ \%} =$$
$$- 470.000$$
$$+ 129.200 \cdot 0,877193$$
$$+ 136.000 \cdot 0,769468$$
$$+ 262.885 \cdot 0,674972$$
$$+ 131.020 \cdot 0,592080$$
$$= +2.995,32$$

$$C_{0\ 15\ \%} =$$
$$- 470.000$$
$$+ 129.200 \cdot 0,869565$$
$$+ 136.000 \cdot 0,756144$$
$$+ 262.885 \cdot 0,657516$$
$$+ 131.020 \cdot 0,571753$$
$$= -7.054,45$$

Anwendung Regula Falsi:

$$i = 0,14 - 2.995,32 \frac{0,15 - 0,14}{-7.054,45 - 2.995,32} = 14,30 \ \%$$

Annuitätenmethode:

Annuität = $C_{0\ 7\ \%} \cdot KWF_{4/7\ \%}$

Annuität = $84.082,29 \cdot 0,295228 = 24.823,45$

Dynamische Amortisation:

Tab. 51: Dynamische Amortisation

Periode	Rückfluss	AbF$_{7\%}$	Barwert	Kum. Barwert
1	129.200	0,934579	120.747,60	120.747,60
2	136.000	0,873439	118.787,70	239.535,30
3	262.855	0,816298	214.568,01	454.103,31
4	131.020	0,762895	99.954,50	554.057,81

99.954,50 Euro Rückfluss entspricht: 1 Jahr

15.896,69 Euro Rückfluss entspricht: 0,16 Jahre

Gesamtamortisationszeit nach der Kumulationsrechnung: 3,16 Jahre

3. Hinweise zur Lösung

Gewinnvergleichsrechnung: Die durchschnittlichen Erlöse errechnen sich aus den Mengen und Preisen der jeweiligen Perioden und der Anzahl der Perioden. Bei den durchschnittlichen Kosten finden die Abschreibungen und die Zinsen als Kapitaldienst Berücksichtigung, während sich die zahlungswirksamen Selbstkosten aus den jeweiligen Zielselbstkosten und den noch nicht berücksichtigten Gewährleistungskosten (2 % der Selbstkosten) zusammensetzen.

Rentabilitätsrechnung: Hier kann man auf die Ergebnisse der Gewinnrechnung zurückgreifen und die Zinsen hinzurechnen, wenn man die typische Rentabilität vor Zinsen ermitteln möchte. Das durchschnittlich gebundene Kapital ist in diesem Fall $A_0/2$. Dabei spielt es aus Sicht der Investitionsrechnung keine Rolle, ob die Entwicklungskosten im Jahresabschluss aktiviert wurden oder nicht. Aus Sicht der statischen Investitionsrechnung sollten derartige Entwicklungskosten über die Laufzeit verteilt werden.

Amortisationsrechnung: Hier kann mangels Angaben in der Aufgabenstellung die Durchschnittsmethode oder die Kumulationsmethode zur Anwendung kommen. Die Rückflüsse bei der Durchschnittsmethode bestehen aus dem Durchschnittsgewinn (30.826,25), den Zinsen (16.450) und den Abschreibungen (470.000 : 4 = 117.500).

Bei der Kumulationsmethode, die anspruchsvoller und genauer arbeitet, sind die jährlichen Rückflüsse aus den zahlungswirksamen Umsatzerlösen und den zahlungswirksamen Kosten direkt ermittelt (siehe Lösungstabelle). Die zahlungswirksamen Zielselbstkosten wurden um die nicht eingerechneten Gewährleistungskosten in Höhe von 2 % der Selbstkosten ergänzt (Jahre 1 und 2: 270 · 1,02 = 275,40 und Jahre 3 und 4: 240 · 1,02 = 244,80) und mit den entsprechenden Produktionsmengen multipliziert. Dieser Einbezug der Gewährleistungen ist sicherlich vereinfacht dargestellt, lässt sich aber aufgrund fehlender Angaben (z. B. zum Nachlauf der Gewährleistungen nach den vier Jahren) nicht genauer berücksichtigen. Die Interpolation im dritten Nutzungsjahr ergibt 2,78 statische Amortisationsjahre.

Kapitalwertmethode: Hier kann man die ermittelten Zahlungen aus der Kumulationsmethode der Amortisationsrechnung übernehmen und um die vierte Periode ergänzen. Die Berechnung des C_0 erfolgt aufgrund der ungleichen Zahlungsüberschüsse mit dem AbF.

Interne Zinsfußmethode: Die Abschätzung der Versuchszinsen macht mitunter Probleme. Man kann aufgrund bereits berechneter Ergebnisse ahnen, dass die interne Verzinsung der Investition zwischen sieben und zwanzig Prozent liegen wird. Für die Anwendung der Regula-Falsi-Regel ist dieses Zinsintervall allerdings zu grob. Überschlagsweise wird ein DSF über durchschnittliche Einzahlungsüberschüsse ermittelt. Danach sucht man Zinssätze, die diesem grob ermittelten DSF nahe kommen. In unserem Fall kommt man auf die Versuchszinssätze 14 und 15 %. Die restliche Berechnung mit Hilfe der Regula-Falsi-Regel stellt dann keinerlei Probleme dar und ist auch hinreichend genau (der genaue interne Zins liegt bei 14,295 %).

Annuitätenrechnung und dynamische Amortisationsrechnung: Diese Verfahren stellen nach den bisherigen Darlegungen kein Problem dar.

4. Literaturempfehlung

Wöhe, Günter und Ulrich Döring (2013): Einführung in die Allgemeine Betriebswirtschaftslehre, 25. Auflage, München 2013, S. 960–962.

Siehe Literaturempfehlungen zu den jeweiligen Investitionsrechnungsverfahren.

Anhang

Tab. 52: Zinsfaktorbeschreibungen in Anlehnung an Däumler/Grabe (2013), S. 446–447.

Faktor-name	Abkür-zung	Formel	Verbale Beschreibung	Grafische Beschreibung
Auf-zinsungs-aktor	AuF	$(1+i)^n$	Zinst einen Betrag im Zeitpunkt $t = 0$ mit Zins und Zinseszins auf einen nach n Perioden fälligen Betrag K_n auf	
Ab-zinsungs-faktor	AbF	$(1+i)^{-n}$ oder $\dfrac{1}{(1+i)^n}$	Zinst einen nach n Perioden fälligen Geldbetrag K_n unter Berücksichtigung von Zins und Zinseszins auf einen jetzt fälligen Geldbetrag K_0 ab	
Diskontie-rungs-summen-faktor	DSF	$\dfrac{(1+i)^n - 1}{i(1+i)^n}$	Zinst gleich hohe Zahlungen g einer Zahlungsreihe auf den Zeitpunkt $t = 0$ ab und addiert sie gleichzeitig	

Tab. 52: Fortsetzung.

Faktor-name	Abkür-zung	Formel	Verbale Beschreibung	Grafische Beschreibung
Kapital-wiederge-winnungs-faktor	KWF	$\dfrac{i(1+i)^n}{(1+i)^n-1}$	Verteilt einen Betrag zum Zeitpunkt t = 0 in gleichhohe Beträge g unter Berücksichtigung von Zins und Zinses-zins auf n Perioden (g entspricht einer Annuität)	
Restwert-verteilungs-faktor	RVF	$\dfrac{i}{(1+i)^n-1}$	Verteilt einen nach n Perioden fälligen Betrag K_n unter Be-rücksichtigung von Zins und Zinseszins in gleich hohe Beträge g auf die Laufzeit von n Perioden	
Endwert-faktor	EWF	$\dfrac{(1+i)^n-1}{i}$	Zinst die gleich hohen Zahlungen g auf und addiert gleichzeitig die Endwerte	

Tab. 53:   Zinsfaktoren auf Basis eines Zinssatzes von 3 % p. a.

3 %					
n	AuF	AbF	DSF	KWF	EWF	RVF
1	1,030000	0,970874	0,970874	1,030000	1,000000	1,000000
2	1,060900	0,942596	1,913470	0,522611	2,030000	0,492611
3	1,092727	0,915142	2,828611	0,353530	3,090900	0,323530
4	1,125509	0,888487	3,717098	0,269027	4,183627	0,239027
5	1,159274	0,862609	4,579707	0,218355	5,309136	0,188355
6	1,194052	0,837484	5,417191	0,184598	6,468410	0,154598
7	1,229874	0,813092	6,230283	0,160506	7,662462	0,130506
8	1,266770	0,789409	7,019692	0,142456	8,892336	0,112456
9	1,304773	0,766417	7,786109	0,128434	10,159106	0,098434
10	1,343916	0,744094	8,530203	0,117231	11,463879	0,087231
11	1,384234	0,722421	9,252624	0,108077	12,807796	0,078077
12	1,425761	0,701380	9,954004	0,100462	14,192030	0,070462
13	1,468534	0,680951	10,634955	0,094030	15,617790	0,064030
14	1,512590	0,661118	11,296073	0,088526	17,086324	0,058526
15	1,557967	0,641862	11,937935	0,083767	18,598914	0,053767
16	1,604706	0,623167	12,561102	0,079611	20,156881	0,049611
17	1,652848	0,605016	13,166118	0,075953	21,761588	0,045953
18	1,702433	0,587395	13,753513	0,072709	23,414435	0,042709
19	1,753506	0,570286	14,323799	0,069814	25,116868	0,039814
20	1,806111	0,553676	14,877475	0,067216	26,870374	0,037216
21	1,860295	0,537549	15,415024	0,064872	28,676486	0,034872
22	1,916103	0,521893	15,936917	0,062747	30,536780	0,032747
23	1,973587	0,506692	16,443608	0,060814	32,452884	0,030814
24	2,032794	0,491934	16,935542	0,059047	34,426470	0,029047
25	2,093778	0,477606	17,413148	0,057428	36,459264	0,027428
26	2,156591	0,463695	17,876842	0,055938	38,553042	0,025938
27	2,221289	0,450189	18,327031	0,054564	40,709634	0,024564

Tab. 53: Fortsetzung.

			3 %			
n	AuF	AbF	DSF	KWF	EWF	RVF
28	2,287928	0,437077	18,764108	0,053293	42,930923	0,023293
29	2,356566	0,424346	19,188455	0,052115	45,218850	0,022115
30	2,427262	0,411987	19,600441	0,051019	47,575416	0,021019
31	2,500080	0,399987	20,000428	0,049999	50,002678	0,019999
32	2,575083	0,388337	20,388766	0,049047	52,502759	0,019047
33	2,652335	0,377026	20,765792	0,048156	55,077841	0,018156
34	2,731905	0,366045	21,131837	0,047322	57,730177	0,017322
35	2,813862	0,355383	21,487220	0,046539	60,462082	0,016539
36	2,898278	0,345032	21,832252	0,045804	63,275944	0,015804
37	2,985227	0,334983	22,167235	0,045112	66,174223	0,015112
38	3,074783	0,325226	22,492462	0,044459	69,159449	0,014459
39	3,167027	0,315754	22,808215	0,043844	72,234233	0,013844
40	3,262038	0,306557	23,114772	0,043262	75,401260	0,013262
41	3,359899	0,297628	23,412400	0,042712	78,663298	0,012712
42	3,460696	0,288959	23,701359	0,042192	82,023196	0,012192
43	3,564517	0,280543	23,981902	0,041698	85,483892	0,011698
44	3,671452	0,272372	24,254274	0,041230	89,048409	0,011230
45	3,781596	0,264439	24,518713	0,040785	92,719861	0,010785
46	3,895044	0,256737	24,775449	0,040363	96,501457	0,010363
47	4,011895	0,249259	25,024708	0,039961	100,396501	0,009961
48	4,132252	0,241999	25,266707	0,039578	104,408396	0,009578
49	4,256219	0,234950	25,501657	0,039213	108,540648	0,009213
50	4,383906	0,228107	25,729764	0,038865	112,796867	0,008865

Tab. 54: Zinsfaktoren auf Basis eines Zinssatzes von 4 % p. a.

n	AuF	AbF	DSF	KWF	EWF	RVF
1	1,040000	0,961538	0,961538	1,040000	1,000000	1,000000
2	1,081600	0,924556	1,886095	0,530196	2,040000	0,490196
3	1,124864	0,888996	2,775091	0,360349	3,121600	0,320349
4	1,169859	0,854804	3,629895	0,275490	4,246464	0,235490
5	1,216653	0,821927	4,451822	0,224627	5,416323	0,184627
6	1,265319	0,790315	5,242137	0,190762	6,632975	0,150762
7	1,315932	0,759918	6,002055	0,166610	7,898294	0,126610
8	1,368569	0,730690	6,732745	0,148528	9,214226	0,108528
9	1,423312	0,702587	7,435332	0,134493	10,582795	0,094493
10	1,480244	0,675564	8,110896	0,123291	12,006107	0,083291
11	1,539454	0,649581	8,760477	0,114149	13,486351	0,074149
12	1,601032	0,624597	9,385074	0,106552	15,025805	0,066552
13	1,665074	0,600574	9,985648	0,100144	16,626838	0,060144
14	1,731676	0,577475	10,563123	0,094669	18,291911	0,054669
15	1,800944	0,555265	11,118387	0,089941	20,023588	0,049941
16	1,872981	0,533908	11,652296	0,085820	21,824531	0,045820
17	1,947900	0,513373	12,165669	0,082199	23,697512	0,042199
18	2,025817	0,493628	12,659297	0,078993	25,645413	0,038993
19	2,106849	0,474642	13,133939	0,076139	27,671229	0,036139
20	2,191123	0,456387	13,590326	0,073582	29,778079	0,033582
21	2,278768	0,438834	14,029160	0,071280	31,969202	0,031280
22	2,369919	0,421955	14,451115	0,069199	34,247970	0,029199
23	2,464716	0,405726	14,856842	0,067309	36,617889	0,027309
24	2,563304	0,390121	15,246963	0,065587	39,082604	0,025587
25	2,665836	0,375117	15,622080	0,064012	41,645908	0,024012
26	2,772470	0,360689	15,982769	0,062567	44,311745	0,022567
27	2,883369	0,346817	16,329586	0,061239	47,084214	0,021239

Tab. 54: Fortsetzung.

| 4 % | | | | | |
n	AuF	AbF	DSF	KWF	EWF	RVF
28	2,998703	0,333477	16,663063	0,060013	49,967583	0,020013
29	3,118651	0,320651	16,983715	0,058880	52,966286	0,018880
30	3,243398	0,308319	17,292033	0,057830	56,084938	0,017830
31	3,373133	0,296460	17,588494	0,056855	59,328335	0,016855
32	3,508059	0,285058	17,873551	0,055949	62,701469	0,015949
33	3,648381	0,274094	18,147646	0,055104	66,209527	0,015104
34	3,794316	0,263552	18,411198	0,054315	69,857909	0,014315
35	3,946089	0,253415	18,664613	0,053577	73,652225	0,013577
36	4,103933	0,243669	18,908282	0,052887	77,598314	0,012887
37	4,268090	0,234297	19,142579	0,052240	81,702246	0,012240
38	4,438813	0,225285	19,367864	0,051632	85,970336	0,011632
39	4,616366	0,216621	19,584485	0,051061	90,409150	0,011061
40	4,801021	0,208289	19,792774	0,050523	95,025516	0,010523
41	4,993061	0,200278	19,993052	0,050017	99,826536	0,010017
42	5,192784	0,192575	20,185627	0,049540	104,819598	0,009540
43	5,400495	0,185168	20,370795	0,049090	110,012382	0,009090
44	5,616515	0,178046	20,548841	0,048665	115,412877	0,008665
45	5,841176	0,171198	20,720040	0,048262	121,029392	0,008262
46	6,074823	0,164614	20,884654	0,047882	126,870568	0,007882
47	6,317816	0,158283	21,042936	0,047522	132,945390	0,007522
48	6,570528	0,152195	21,195131	0,047181	139,263206	0,007181
49	6,833349	0,146341	21,341472	0,046857	145,833734	0,006857
50	7,106683	0,140713	21,482185	0,046550	152,667084	0,006550

Tab. 55:   Zinsfaktoren auf Basis eines Zinssatzes von 5 % p. a.

5 %					
n	AuF	AbF	DSF	KWF	EWF	RVF
1	1,050000	0,952381	0,952381	1,050000	1,000000	1,000000
2	1,102500	0,907029	1,859410	0,537805	2,050000	0,487805
3	1,157625	0,863838	2,723248	0,367209	3,152500	0,317209
4	1,215506	0,822702	3,545951	0,282012	4,310125	0,232012
5	1,276282	0,783526	4,329477	0,230975	5,525631	0,180975
6	1,340096	0,746215	5,075692	0,197017	6,801913	0,147017
7	1,407100	0,710681	5,786373	0,172820	8,142008	0,122820
8	1,477455	0,676839	6,463213	0,154722	9,549109	0,104722
9	1,551328	0,644609	7,107822	0,140690	11,026564	0,090690
10	1,628895	0,613913	7,721735	0,129505	12,577893	0,079505
11	1,710339	0,584679	8,306414	0,120389	14,206787	0,070389
12	1,795856	0,556837	8,863252	0,112825	15,917127	0,062825
13	1,885649	0,530321	9,393573	0,106456	17,712983	0,056456
14	1,979932	0,505068	9,898641	0,101024	19,598632	0,051024
15	2,078928	0,481017	10,379658	0,096342	21,578564	0,046342
16	2,182875	0,458112	10,837770	0,092270	23,657492	0,042270
17	2,292018	0,436297	11,274066	0,088699	25,840366	0,038699
18	2,406619	0,415521	11,689587	0,085546	28,132385	0,035546
19	2,526950	0,395734	12,085321	0,082745	30,539004	0,032745
20	2,653298	0,376889	12,462210	0,080243	33,065954	0,030243
21	2,785963	0,358942	12,821153	0,077996	35,719252	0,027996
22	2,925261	0,341850	13,163003	0,075971	38,505214	0,025971
23	3,071524	0,325571	13,488574	0,074137	41,430475	0,024137
24	3,225100	0,310068	13,798642	0,072471	44,501999	0,022471
25	3,386355	0,295303	14,093945	0,070952	47,727099	0,020952
26	3,555673	0,281241	14,375185	0,069564	51,113454	0,019564
27	3,733456	0,267848	14,643034	0,068292	54,669126	0,018292

Tab. 55: Fortsetzung.

5 %					
n	AuF	AbF	DSF	KWF	EWF	RVF
28	3,920129	0,255094	14,898127	0,067123	58,402583	0,017123
29	4,116136	0,242946	15,141074	0,066046	62,322712	0,016046
30	4,321942	0,231377	15,372451	0,065051	66,438848	0,015051
31	4,538039	0,220359	15,592811	0,064132	70,760790	0,014132
32	4,764941	0,209866	15,802677	0,063280	75,298829	0,013280
33	5,003189	0,199873	16,002549	0,062490	80,063771	0,012490
34	5,253348	0,190355	16,192904	0,061755	85,066959	0,011755
35	5,516015	0,181290	16,374194	0,061072	90,320307	0,011072
36	5,791816	0,172657	16,546852	0,060434	95,836323	0,010434
37	6,081407	0,164436	16,711287	0,059840	101,628139	0,009840
38	6,385477	0,156605	16,867893	0,059284	107,709546	0,009284
39	6,704751	0,149148	17,017041	0,058765	114,095023	0,008765
40	7,039989	0,142046	17,159086	0,058278	120,799774	0,008278
41	7,391988	0,135282	17,294368	0,057822	127,839763	0,007822
42	7,761588	0,128840	17,423208	0,057395	135,231751	0,007395
43	8,149667	0,122704	17,545912	0,056993	142,993339	0,006993
44	8,557150	0,116861	17,662773	0,056616	151,143006	0,006616
45	8,985008	0,111297	17,774070	0,056262	159,700156	0,006262
46	9,434258	0,105997	17,880066	0,055928	168,685164	0,005928
47	9,905971	0,100949	17,981016	0,055614	178,119422	0,005614
48	10,401270	0,096142	18,077158	0,055318	188,025393	0,005318
49	10,921333	0,091564	18,168722	0,055040	198,426663	0,005040
50	11,467400	0,087204	18,255925	0,054777	209,347996	0,004777

Tab. 56: Zinsfaktoren auf Basis eines Zinssatzes von 6 % p. a.

	6 %					
n	AuF	AbF	DSF	KWF	EWF	RVF
1	1,060000	0,943396	0,943396	1,060000	1,000000	1,000000
2	1,123600	0,889996	1,833393	0,545437	2,060000	0,485437
3	1,191016	0,839619	2,673012	0,374110	3,183600	0,314110
4	1,262477	0,792094	3,465106	0,288591	4,374616	0,228591
5	1,338226	0,747258	4,212364	0,237396	5,637093	0,177396
6	1,418519	0,704961	4,917324	0,203363	6,975319	0,143363
7	1,503630	0,665057	5,582381	0,179135	8,393838	0,119135
8	1,593848	0,627412	6,209794	0,161036	9,897468	0,101036
9	1,689479	0,591898	6,801692	0,147022	11,491316	0,087022
10	1,790848	0,558395	7,360087	0,135868	13,180795	0,075868
11	1,898299	0,526788	7,886875	0,126793	14,971643	0,066793
12	2,012196	0,496969	8,383844	0,119277	16,869941	0,059277
13	2,132928	0,468839	8,852683	0,112960	18,882138	0,052960
14	2,260904	0,442301	9,294984	0,107585	21,015066	0,047585
15	2,396558	0,417265	9,712249	0,102963	23,275970	0,042963
16	2,540352	0,393646	10,105895	0,098952	25,672528	0,038952
17	2,692773	0,371364	10,477260	0,095445	28,212880	0,035445
18	2,854339	0,350344	10,827603	0,092357	30,905653	0,032357
19	3,025600	0,330513	11,158116	0,089621	33,759992	0,029621
20	3,207135	0,311805	11,469921	0,087185	36,785591	0,027185
21	3,399564	0,294155	11,764077	0,085005	39,992727	0,025005
22	3,603537	0,277505	12,041582	0,083046	43,392290	0,023046
23	3,819750	0,261797	12,303379	0,081278	46,995828	0,021278
24	4,048935	0,246979	12,550358	0,079679	50,815577	0,019679
25	4,291871	0,232999	12,783356	0,078227	54,864512	0,018227
26	4,549383	0,219810	13,003166	0,076904	59,156383	0,016904
27	4,822346	0,207368	13,210534	0,075697	63,705766	0,015697

Tab. 56: Fortsetzung.

			6 %			
n	AuF	AbF	DSF	KWF	EWF	RVF
28	5,111687	0,195630	13,406164	0,074593	68,528112	0,014593
29	5,418388	0,184557	13,590721	0,073580	73,639798	0,013580
30	5,743491	0,174110	13,764831	0,072649	79,058186	0,012649
31	6,088101	0,164255	13,929086	0,071792	84,801677	0,011792
32	6,453387	0,154957	14,084043	0,071002	90,889778	0,011002
33	6,840590	0,146186	14,230230	0,070273	97,343165	0,010273
34	7,251025	0,137912	14,368141	0,069598	104,183755	0,009598
35	7,686087	0,130105	14,498246	0,068974	111,434780	0,008974
36	8,147252	0,122741	14,620987	0,068395	119,120867	0,008395
37	8,636087	0,115793	14,736780	0,067857	127,268119	0,007857
38	9,154252	0,109239	14,846019	0,067358	135,904206	0,007358
39	9,703507	0,103056	14,949075	0,066894	145,058458	0,006894
40	10,285718	0,097222	15,046297	0,066462	154,761966	0,006462
41	10,902861	0,091719	15,138016	0,066059	165,047684	0,006059
42	11,557033	0,086527	15,224543	0,065683	175,950545	0,005683
43	12,250455	0,081630	15,306173	0,065333	187,507577	0,005333
44	12,985482	0,077009	15,383182	0,065006	199,758032	0,005006
45	13,764611	0,072650	15,455832	0,064700	212,743514	0,004700
46	14,590487	0,068538	15,524370	0,064415	226,508125	0,004415
47	15,465917	0,064658	15,589028	0,064148	241,098612	0,004148
48	16,393872	0,060998	15,650027	0,063898	256,564529	0,003898
49	17,377504	0,057546	15,707572	0,063664	272,958401	0,003664
50	18,420154	0,054288	15,761861	0,063444	290,335905	0,003444

Tab. 57: Zinsfaktoren auf Basis eines Zinssatzes von 7 % p. a.

	7 %					
n	AuF	AbF	DSF	KWF	EWF	RVF
1	1,070000	0,934579	0,934579	1,070000	1,000000	1,000000
2	1,144900	0,873439	1,808018	0,553092	2,070000	0,483092
3	1,225043	0,816298	2,624316	0,381052	3,214900	0,311052
4	1,310796	0,762895	3,387211	0,295228	4,439943	0,225228
5	1,402552	0,712986	4,100197	0,243891	5,750739	0,173891
6	1,500730	0,666342	4,766540	0,209796	7,153291	0,139796
7	1,605781	0,622750	5,389289	0,185553	8,654021	0,115553
8	1,718186	0,582009	5,971299	0,167468	10,259803	0,097468
9	1,838459	0,543934	6,515232	0,153486	11,977989	0,083486
10	1,967151	0,508349	7,023582	0,142378	13,816448	0,072378
11	2,104852	0,475093	7,498674	0,133357	15,783599	0,063357
12	2,252192	0,444012	7,942686	0,125902	17,888451	0,055902
13	2,409845	0,414964	8,357651	0,119651	20,140643	0,049651
14	2,578534	0,387817	8,745468	0,114345	22,550488	0,044345
15	2,759032	0,362446	9,107914	0,109795	25,129022	0,039795
16	2,952164	0,338735	9,446649	0,105858	27,888054	0,035858
17	3,158815	0,316574	9,763223	0,102425	30,840217	0,032425
18	3,379932	0,295864	10,059087	0,099413	33,999033	0,029413
19	3,616528	0,276508	10,335595	0,096753	37,378965	0,026753
20	3,869684	0,258419	10,594014	0,094393	40,995492	0,024393
21	4,140562	0,241513	10,835527	0,092289	44,865177	0,022289
22	4,430402	0,225713	11,061240	0,090406	49,005739	0,020406
23	4,740530	0,210947	11,272187	0,088714	53,436141	0,018714
24	5,072367	0,197147	11,469334	0,087189	58,176671	0,017189
25	5,427433	0,184249	11,653583	0,085811	63,249038	0,015811
26	5,807353	0,172195	11,825779	0,084561	68,676470	0,014561
27	6,213868	0,160930	11,986709	0,083426	74,483823	0,013426

Tab. 57: Fortsetzung.

	7 %					
n	AuF	AbF	DSF	KWF	EWF	RVF
28	6,648838	0,150402	12,137111	0,082392	80,697691	0,012392
29	7,114257	0,140563	12,277674	0,081449	87,346529	0,011449
30	7,612255	0,131367	12,409041	0,080586	94,460786	0,010586
31	8,145113	0,122773	12,531814	0,079797	102,073041	0,009797
32	8,715271	0,114741	12,646555	0,079073	110,218154	0,009073
33	9,325340	0,107235	12,753790	0,078408	118,933425	0,008408
34	9,978114	0,100219	12,854009	0,077797	128,258765	0,007797
35	10,676581	0,093663	12,947672	0,077234	138,236878	0,007234
36	11,423942	0,087535	13,035208	0,076715	148,913460	0,006715
37	12,223618	0,081809	13,117017	0,076237	160,337402	0,006237
38	13,079271	0,076457	13,193473	0,075795	172,561020	0,005795
39	13,994820	0,071455	13,264928	0,075387	185,640292	0,005387
40	14,974458	0,066780	13,331709	0,075009	199,635112	0,005009
41	16,022670	0,062412	13,394120	0,074660	214,609570	0,004660
42	17,144257	0,058329	13,452449	0,074336	230,632240	0,004336
43	18,344355	0,054513	13,506962	0,074036	247,776496	0,004036
44	19,628460	0,050946	13,557908	0,073758	266,120851	0,003758
45	21,002452	0,047613	13,605522	0,073500	285,749311	0,003500
46	22,472623	0,044499	13,650020	0,073260	306,751763	0,003260
47	24,045707	0,041587	13,691608	0,073037	329,224386	0,003037
48	25,728907	0,038867	13,730474	0,072831	353,270093	0,002831
49	27,529930	0,036324	13,766799	0,072639	378,999000	0,002639
50	29,457025	0,033948	13,800746	0,072460	406,528929	0,002460

Tab. 58:   Zinsfaktoren auf Basis eines Zinssatzes von 8 % p. a.

8 %					
n	AuF	AbF	DSF	KWF	EWF	RVF
1	1,080000	0,925926	0,925926	1,080000	1,000000	1,000000
2	1,166400	0,857339	1,783265	0,560769	2,080000	0,480769
3	1,259712	0,793832	2,577097	0,388034	3,246400	0,308034
4	1,360489	0,735030	3,312127	0,301921	4,506112	0,221921
5	1,469328	0,680583	3,992710	0,250456	5,866601	0,170456
6	1,586874	0,630170	4,622880	0,216315	7,335929	0,136315
7	1,713824	0,583490	5,206370	0,192072	8,922803	0,112072
8	1,850930	0,540269	5,746639	0,174015	10,636628	0,094015
9	1,999005	0,500249	6,246888	0,160080	12,487558	0,080080
10	2,158925	0,463193	6,710081	0,149029	14,486562	0,069029
11	2,331639	0,428883	7,138964	0,140076	16,645487	0,060076
12	2,518170	0,397114	7,536078	0,132695	18,977126	0,052695
13	2,719624	0,367698	7,903776	0,126522	21,495297	0,046522
14	2,937194	0,340461	8,244237	0,121297	24,214920	0,041297
15	3,172169	0,315242	8,559479	0,116830	27,152114	0,036830
16	3,425943	0,291890	8,851369	0,112977	30,324283	0,032977
17	3,700018	0,270269	9,121638	0,109629	33,750226	0,029629
18	3,996019	0,250249	9,371887	0,106702	37,450244	0,026702
19	4,315701	0,231712	9,603599	0,104128	41,446263	0,024128
20	4,660957	0,214548	9,818147	0,101852	45,761964	0,021852
21	5,033834	0,198656	10,016803	0,099832	50,422921	0,019832
22	5,436540	0,183941	10,200744	0,098032	55,456755	0,018032
23	5,871464	0,170315	10,371059	0,096422	60,893296	0,016422
24	6,341181	0,157699	10,528758	0,094978	66,764759	0,014978
25	6,848475	0,146018	10,674776	0,093679	73,105940	0,013679
26	7,396353	0,135202	10,809978	0,092507	79,954415	0,012507
27	7,988061	0,125187	10,935165	0,091448	87,350768	0,011448

Tab. 58: Fortsetzung.

8 %					
n	AuF	AbF	DSF	KWF	EWF	RVF
28	8,627106	0,115914	11,051078	0,090489	95,338830	0,010489
29	9,317275	0,107328	11,158406	0,089619	103,965936	0,009619
30	10,062657	0,099377	11,257783	0,088827	113,283211	0,008827
31	10,867669	0,092016	11,349799	0,088107	123,345868	0,008107
32	11,737083	0,085200	11,434999	0,087451	134,213537	0,007451
33	12,676050	0,078889	11,513888	0,086852	145,950620	0,006852
34	13,690134	0,073045	11,586934	0,086304	158,626670	0,006304
35	14,785344	0,067635	11,654568	0,085803	172,316804	0,005803
36	15,968172	0,062625	11,717193	0,085345	187,102148	0,005345
37	17,245626	0,057986	11,775179	0,084924	203,070320	0,004924
38	18,625276	0,053690	11,828869	0,084539	220,315945	0,004539
39	20,115298	0,049713	11,878582	0,084185	238,941221	0,004185
40	21,724521	0,046031	11,924613	0,083860	259,056519	0,003860
41	23,462483	0,042621	11,967235	0,083561	280,781040	0,003561
42	25,339482	0,039464	12,006699	0,083287	304,243523	0,003287
43	27,366640	0,036541	12,043240	0,083034	329,583005	0,003034
44	29,555972	0,033834	12,077074	0,082802	356,949646	0,002802
45	31,920449	0,031328	12,108402	0,082587	386,505617	0,002587
46	34,474085	0,029007	12,137409	0,082390	418,426067	0,002390
47	37,232012	0,026859	12,164267	0,082208	452,900152	0,002208
48	40,210573	0,024869	12,189136	0,082040	490,132164	0,002040
49	43,427419	0,023027	12,212163	0,081886	530,342737	0,001886
50	46,901613	0,021321	12,233485	0,081743	573,770156	0,001743

Literatur

Becker, Hans Paul (2010): Investition und Finanzierung. Grundlagen der betrieblichen Finanzwirtschaft, 4. Auflage, Wiesbaden.

Blaese, Dietrich (2003): Gesellschaftsrecht. Grundriss für Studierende, Herne.

Blohm, Hans; Klaus Lüder und Christina Schaefer (2006): Investition, 9. Auflage, München.

Brösel, Gerrit (2012): Bilanzanalyse. Unternehmensbeurteilung auf der Basis von HGB- und IFRS-Abschlüssen, 14. Auflage, Berlin.

Coenenberg, Adolf G.; Axel Haller und Wolfgang Schultze (2016): Jahresabschluss und Jahresabschlussanalyse, 24. Auflage, Stuttgart.

Däumler, Klaus-Dieter und Jürgen Grabe (2007): Grundlagen der Investitions- und Wirtschaftlichkeitsrechnung, 12. Auflage, Herne.

Däumler, Klaus-Dieter und Jürgen Grabe (2013): Betriebliche Finanzwirtschaft, 10. Auflage, Herne.

Gräfer, Horst; Bettina Schiller und Sabrina Rösner (2011): Finanzierung. Grundlagen, Instrumente und Kapitalmarkttheorie, 7. Auflage, Berlin.

Handelsgesetzbuch (HGB) vom 10. Mai 1897, zuletzt geändert durch Art. 8 des Gesetzes vom 1. März 2011, BGBl. Teil I, S. 288, hier § 121.

Heinhold, Michael (1999): Investitionsrechnung. Studienbuch, 8. Auflage, München.

Hering, Thomas und Christian Toll (2015): BWL-Klausuren. Aufgaben und Lösungen für Studienanfänger, 4. Auflage, Berlin.

Hirth, Hans (2008): Grundzüge der Finanzierung und Investition, 2. Auflage, München.

Jahrmann, Fritz-Ulrich (2009): Finanzierung, 6. Auflage, Herne.

Kesten, Ralf (2015): Finanzierung in Fällen und Lösungen, Herne.

Kruschwitz, Lutz (2009): Investitionsrechnung, 12. Auflage, München.

Kruschwitz, Lutz; Rolf O. A. Decker und Michael Röhrs (2007): Übungsbuch zur betrieblichen Finanzwirtschaft, 7. Auflage, München.

Kruschwitz, Lutz und Sven Husmann (2012): Finanzierung und Investition, 7. Auflage, München.

Matschke, Manfred Jürgen (1991): Finanzierung der Unternehmung, Herne.

Matschke, Manfred Jürgen (1993): Investitionsplanung und Investitionskontrolle, Herne.

Matschke, Manfred Jürgen; Thomas Hering und Heinz Eckart Klingelhöfer (2002): Finanzanalyse und Finanzplanung, München.

Modigliani, Franco und Merton H. Miller (1958). The Cost of Capital, Corporation Finance and the Theory of Investment. The American Economic Review, Vol. 48 (3): S. 261–297.

Olfert, Klaus und Horst-Joachim Rahn (2013): Einführung in die Betriebswirtschaftslehre, 11. Auflage, Herne.

Pape, Ulrich (2015): Grundlagen der Finanzierung und Investition. 3. Auflage, Berlin.

Perridon, Louis; Manfred Steiner und Andreas Rathgeber (2012): Finanzwirtschaft der Unternehmung, 16. Auflage, München.

Röhrich, Martina (2014): Grundlagen der Investitionsrechnung. Darstellung anhand einer Fallstudie, 2. Auflage, München.

Rolfes, Bernd (2003): Moderne Investitionsrechnung. Einführung in die klassische Investitionstheorie und Grundlagen marktorientierter Investitionsentscheidungen, 3. Auflage, München.

Schierenbeck, Henner und Claudia Wöhle (2012): Grundzüge der Betriebswirtschaftslehre, 18. Auflage, München.

Schulte, Gerd (2007): Investition. Investitionscontrolling und Investitionsrechnung, 2. Auflage, München.

Spremann, Klaus und Pascal Gantenbein (2007): Zinsen, Anleihen, Kredite. 4. Auflage, München.

Stiefl, Jürgen (2008): Finanzmanagement. Unter besonderer Berücksichtigung von kleinen und mittleren Unternehmen, 2. Auflage, München.

Wöhe, Günter und Ulrich Döring (2013): Einführung in die Allgemeine Betriebswirtschaftslehre, 25. Auflage, München.

Wöhe, Günter, Ulrich Döring und Gerrit Brösel (2016): Einführung in die Allgemeine Betriebswirtschaftslehre, 26. Auflage, München.

Tabellenverzeichnis

Abbildungsverzeichnis

Anmerkung: Alle Abbildungen und Tabellen im Buch sind, sofern nicht anders gekennzeichnet, eigene Darstellungen.

Index

Zu den Autoren

Burchert, Heiko: Prof. Dr. rer. pol., Dipl.-Ing.-Ökonom, geb. 1964, Professur für das Fachgebiet Betriebswirtschaftliche und rechtliche Grundlagen des Gesundheitswesens am Fachbereich Wirtschaft und Gesundheit der Fachhochschule Bielefeld. Arbeits- und Forschungsgebiete: Betriebswirtschaftliche und rechtliche Grundlagen des Gesundheitswesens (insbesondere Telemedizin und Diabetes mellitus), Grundlagen der Betriebswirtschaftslehre, Betriebliche Finanzwirtschaft sowie Anrechnung beruflicher Kompetenzen auf Hochschulstudiengänge.

Schneider, Jürgen: Prof. Dr. rer. pol., Dipl.-Hdl., geb. 1962, Professur für die Fachgebiete Betriebswirtschaftslehre und Rechnungswesen am Fachbereich Wirtschaft und Gesundheit der Fachhochschule Bielefeld. Arbeits- und Forschungsgebiete: Grundlagen der Betriebswirtschaftslehre, Externes und internen Rechnungswesen und Unternehmenssimulation.

Vorfeld, Michael: Prof. Dr. rer. pol., Dipl.-Hdl., geb. 1976, Professur für das Fachgebiet Allgemeine Betriebswirtschaftslehre mit den Schwerpunkten Finanzmanagement und Rechnungswesen an der Ostfalia Hochschule für angewandte Wissenschaften Salzgitter. Arbeits- und Forschungsgebiete: Grundlagen der Betriebswirtschaftslehre, Betriebliches Rechnungswesen, Betriebliche Finanzwirtschaft und Risikomanagement.